2

就这样 哎呀，竟然 天绝了

超有趣的灭绝动物图鉴

〔日〕今泉忠明 ◉ 主编

〔日〕丸山贵史 ◉ 著

〔日〕佐藤真规 植竹阳子
北泽平佑 岩崎美津树 ◉ 绘
茄子味噌炒

李建云 ◉ 译

北京联合出版公司
Beijing United Publishing Co.,Ltd.

序言

自从地球上有生物诞生以来，

适应当时那个时代的气候、栖息环境等条件的，

就大摇大摆，大逞威风，

不大适应的就忍气吞声，默默地活着；

可是，一旦气候或者栖息地发生大变动，

越是逞威风的生物，却消失得越突然，

默默活着的生物，

反而能够出人意料地、顽强地存活下来。

周而复始，从来如此。

在这本书的前半部分，

我们介绍了环境变化给生物们

带来的一出出悲喜剧，

这些是催生演化的、所谓"自然灭绝"的故事。

在后半部分，出场的多是因人类导致灭绝，

或者因人类而濒临灭绝的动物们。

同样是灭绝，这回却是不会催生演化的、

悲剧性的"人为灭绝"。

换句话说，灭绝也分愉快的灭绝和悲伤的灭绝。

（当然，已经灭亡的生物们恐怕是不会感到愉快的……）

没有愉快的灭绝，就不会有人类的出现。

在这里，

我们肯定可以感受到灭绝与演化是何等的不可思议。

对我们人类来说，悲伤的灭绝并非事不关己。

也许我们可以试着想一想，

从今往后应该怎样去做？

因为，如果以为可以高高挂起，

人类转向灭绝的可能性就非常之大。

今泉忠明

天空界

天空霸主、史上最大的凶鹫

哈斯特巨鹰

"我可是狩猎达人，哗啦一下就能
逮住比鸵鸟还大的鸟。"

啪啦 啪啦

我们曾经厉害无比，

可还是灭绝了

海洋界

中生代海域王者，全身长达18m

沧龙

"浅海的生物全部是我的盘中餐！"

想不通～

自从地球诞生以来，已经过了大约46亿年；
地球上有生命诞生以来，已经过了大约40亿年。
迄今为止，诞生在地球上的生物，种类繁多，
多不胜数，
但实际上，其中的99.9％已经灭绝。
也就是说，几乎所有的生物都已经灭亡。
其中甚至有不少强大的，
或者拥有超群能力的生物。

引起灭绝的最大原因，就是"**环境的变化**"。生物为了配合每时每刻的环境变化而改变身体的结构和能力，慢慢进行演化。我们把这叫作"**适应**"。

令人苦恼的是，地球没有准脾气，反复无常。地球的环境时刻在变，每回环境产生变化，只能**适应旧环境的生物就会灭绝，适应新环境的物种就从幸存下来的生物当中再次演化。**

这便是生物自从诞生以来，在地球上反反复复、周而复始地进行的循环。

控制火候

一切就看地球怎样

晃晃荡荡

吥吥吥

❸变化无常

气温剧烈地升升降降

由于地球与太阳之间的距离、地轴和太阳的夹角、地球自身空气成分及地形的变动，导致气温变化巨大。

哆哆嗦嗦

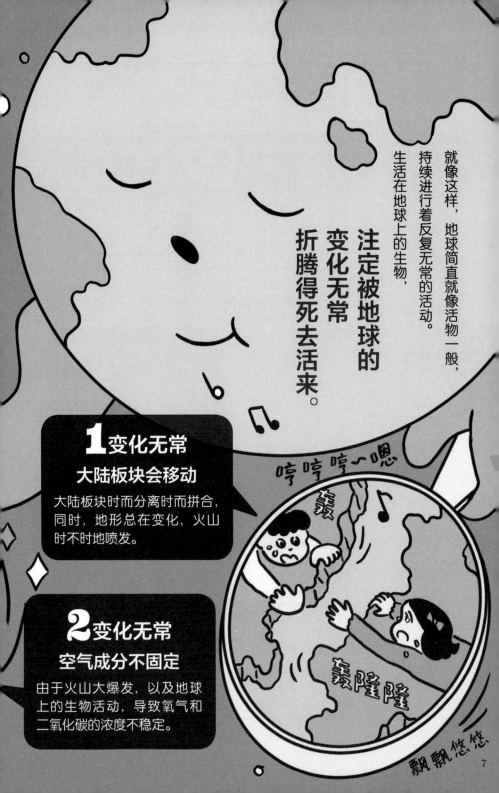

就像这样，地球简直就像活物一般，持续进行着反复无常的活动。

生活在地球上的生物，注定被地球的变化无常折腾得死去活来。

1 变化无常

大陆板块会移动

大陆板块时而分离时而拼合，同时，地形总在变化，火山时不时地喷发。

2 变化无常

空气成分不固定

由于火山大爆发，以及地球上的生物活动，导致氧气和二氧化碳的浓度不稳定。

哼哼哼～嗯

轰隆隆

飘飘悠悠

7

强与弱，差别只在一线间

例如：铲齿象

生活在水边，依靠巨大的下颌摄食大量水草，吃得饱饱的。

沉重的下颌
借助水的浮力
浮在水面上

强大

狼吞虎咽

例如：古巨蜣螂（qiāng láng）

靠吃大象和犀牛的巨大粪便为生，体形越来越巨大化。

津津有味

强大

例如：渡渡鸟

由于生活在没有天敌的岛上，身躯变得越来越庞大。

强大

真舒服～

挠个痒痒

个子越大，越容易在同伴间的手足中获胜。

令人匪夷所思的是，在思考「灭绝」的有关问题时，竟然渐渐分不清「强大」与「弱小」的差别在哪里了。

8

就像这样，「强大」与「弱小」会随着环境的变化而发生转换。

所以，什么样的生物会灭绝，什么样的生物能够存活下来，谁也不知道。

地球日益干旱，河流干涸，水草随之减少。可是，这下颌太笨重，很难吃到陆地上的植物……

弱小

沉甸甸

天寒地冻，大象和犀牛灭绝，从此只能找到小粪便，常常饿得前胸贴后背……

咔嗒！

嗖嗖

弱小

从岛外来了人类和其他外来生物，笨重的身躯飞不起来，立刻就被抓住了。

谁啊？！

弱小

牢牢抱住

吧嗒吧嗒

没想到这种大鸟这么容易抓！

嗯

嗯

嗯

嗯

演化实在是困难重重

读到这里，你们当中也许有人会产生这样的疑问：

"哪怕环境再多变，只要随时通过演化来应对变化，不就不会灭绝了吗？"

可是，这一点恰恰是相当难做到的。

所谓"演化"，是指身体的结构和能力发生改变。

对生物来说，这个变化却并不能顺顺利利、轻而易举地实现。

至于难在哪些地方，就让我在这里稍微讲一讲。

演化的约法三章

1 回头路走不通。

演化是不可能"取消"的。比如说，人类从今往后"演化成鱼的概率"为0%。为什么？这是因为，人类在远古时代就已经放弃了用来在水中呼吸的"鳃"。也就是说，曾经放弃的能力，觉得"还是需要"，想要拿回来是不可能的。

2 特别耗费时间。

演化过程需要几千年、几万年，时间漫长得吓人。生物的特征基本上是经由父母遗传给子女，然后一点一点地发生变化。虽然偶然也会发生应时的突然变异，促使演化加速，但是演化要想赶上急剧的环境变化，到底是非常困难的。

3 绝对不以个体意志为转移。

即便再怎样祈求"想要跑得快""想要变大""想要尖利的獠（liáo）牙"，也不会如愿以偿。所谓演化，只有当生物具备有利于在当前环境下生存的特征，并且繁衍了许多子孙时才会发生。演化靠的并不是意志力，演化是环境选择的结果。

演化是很难朝着你所希望的那样发展的，对吧？想要逃脱灭绝厄运，实在是难上加难。

本书里有
延续种群的启示

我们人类真是奇怪的生物。我们改造地球的环境，把许许多多生物逼入了灭绝的境地。

另一方面，我们又去保护濒临灭绝的生物，还努力试图改善地球环境。也就是说，我们这种生物，一边在地球上制造最多、最恶劣的灭绝事件，一边却又讨厌灭绝，希望不要灭绝。

人类还有一个奇怪的地方，那就是，通过学习，能够思考问题。假如集中全人类的智慧，认真思考，也许我们能够找出避免灭绝的方法。这就需要首先对已经灭绝的生物有所了解。

我们可以通过化石等为数不多的渠道倾听它们的声音，各位要不要来听一听？

在古生代 灭绝 **1**

～～摸索阶段的演化步步维艰

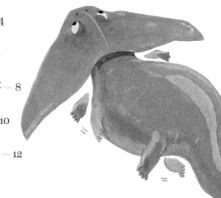

在中生代灭绝 **2**

～～异常激烈的战役步步惊心

地球手记② ～18

15

在新生代 灭绝 3

~~~变幻莫测的环境步步困顿

在现代灭绝 4
～～～人类出现，步步陷阱

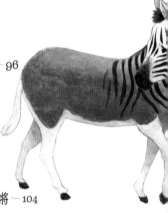

险些灭绝，逃过一劫 5

~~~侥幸存活，仍须步步留神

各显其能，达成夙愿 繁盛 6

～～成功不易，仍须步步为营

与地球的书信往来②～155

本书别具一格的快乐阅读法

这本书，无论谁看，什么时候看，从哪一页开始看，都没关系。
只请你专心倾听书中讲述的各种生物的灭绝原因。

顺便问个问题：各位可知道"数据"好玩在哪里？
事实上，这本书里就收录了多种形式的数据。
感兴趣的话，以这页为参考，
来体会一下数据的妙趣也不错哦！

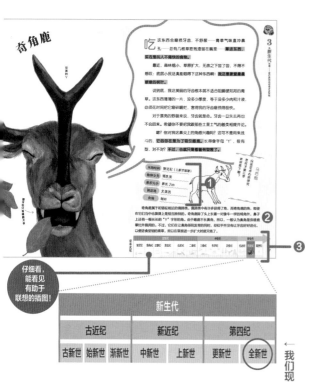

仔细看，
能看见
有助于
联想的插图！

新生代

古近纪			新近纪		第四纪	
古新世	始新世	渐新世	中新世	上新世	更新世	全新世

← 我们现在在这里

我们人类所生活的"现在"属于新生代。新生代被划分为三个"纪"，这三个"纪"又被细分为七个"世"。这部分信息比较繁杂，所以没有在"生存年代"一栏内具体标注，不过事先有个了解，对获取更加准确的灭绝信息还是有帮助的。

❶ 基本数据

包括生物的实际形态、体形大小（不同生物运用不同的测量方法）及栖息地等。这些数据既可以让我们知晓"原来它们吃的是这样的东西"或者"它们过去住的地方看起来挺冷的啊"之类的信息，从而帮助我们深入了解该生物，还可以拿来同其他生物进行比较。

❷ 解说

详细介绍了生物的生态（即生存状态）和灭绝的原因。结合基本数据，我们也许可以比较容易地想象出它们活着时的模样。

❸ 生存年代

这些数据让我们对该生物的生存年代一目了然，即它们是什么时候出现、什么时候灭绝的。有的生物繁衍生息了相当长一段时期，也有的眨眼间就灭亡了。

那么，请开始你的快乐阅读之旅吧！

1 在古生代灭绝

~ 摸索阶段的演化步步维艰

生物在地球上诞生后，
尽管经过一小段时间
便开始实现各种各样的演化，
却仍然不知道怎样的身体才能
适应这严酷的地球环境，
只能是不断摸索着前行。

这样啊

嗯嗯嗯嗯

哦

原来如此

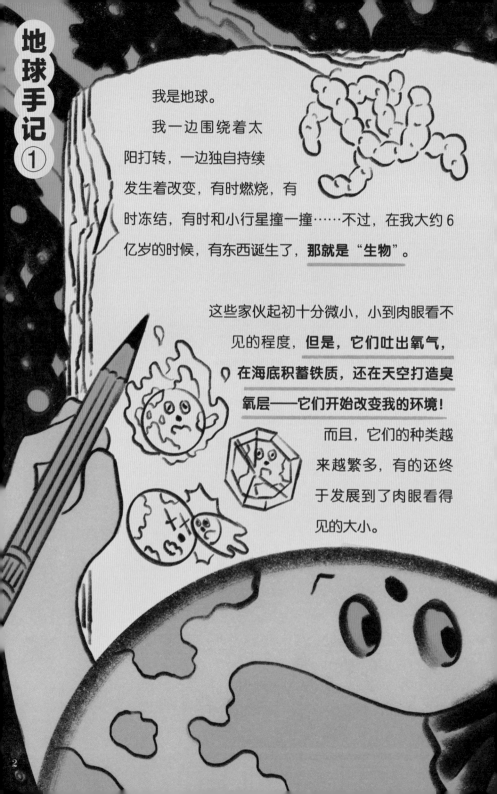

我是地球。

我一边围绕着太阳打转，一边独自持续发生着改变，有时燃烧，有时冻结，有时和小行星撞一撞……不过，在我大约6亿岁的时候，有东西诞生了，**那就是"生物"。**

这些家伙起初十分微小，小到肉眼看不见的程度，**但是，它们吐出氧气，在海底积蓄铁质，还在天空打造臭氧层——它们开始改变我的环境！**

而且，它们的种类越来越繁多，有的还终于发展到了肉眼看得见的大小。

啊！我得跟这帮家伙共同生活啦……

进入古生代，正当我发出这样的感慨的时候，这帮家伙竟然开始相互围追堵截，弱肉强食！

有的伸出利爪狩猎，有的为了保全性命而让身体变硬，**生存竞争的无限循环就这样启动了。**

谁还有心情跟它们共同生活下去！省省吧。我实在忍无可忍，就把岩浆喷出来了。怎么说呢，虽然在这之前也喷过，可那些只能算小打小闹，这回是一股脑儿地往外喷。结果，96％的生物灭亡，古生代宣告终结。

地球

偷偷靠近的海鳗科䲁䲁属(hòu)

缺胸鳍背鳍，灭绝

流线型蝌蚪体形

阿兰达鱼

哎呀，秘密暴露啦？实在是难为情啊……没错，大叔我就是每天待在这块地方吃泥来着。

来，你好好瞧一瞧，**大叔的嘴巴像个大洞，是不是？**虽然你偶尔也能遇到一两个没有牙齿的大叔，但是**我这个大叔，连下颌骨都没有。**所以，咱就这样待着吸食海底的淤泥，把泥里面细微的营养过滤以后再吸收。大的东西想吃也吃不了啊。

对，你没看错，**大叔我胸鳍和背鳍都没有。**所以，我既没法快速前进，也没法灵活地转变方向。就因为这样，食肉动物一个劲地盯着咱吃，咱就灭绝了。有什么办法？谁叫咱光会在海底扭来扭去呢。**在敌人看来，完全就是裙带菜的感觉嘛！**

抱歉，才刚见面，就一股脑儿倒给你了……什么？身后……？

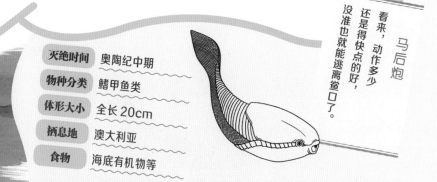

看来，动作多少还是得快点的好，没准也就能逃离鲎口了。

马后炮

灭绝时间	奥陶纪中期
物种分类	鳍甲鱼类
体形大小	全长20cm
栖息地	澳大利亚
食物	海底有机物等

最先演化出鱼鳞的最古老的鱼类，就是阿兰达鱼。鱼鳞堪称划时代的器官，它提高了防御能力，同时起到减少水的阻力等作用。阿兰达鱼的体形之所以长得比寒武纪的鱼都大，完全是鱼鳞的功劳。但是，它们只有尾鳍，游泳能力低下。因此，当行动迅速的海蝎等捕食者一登场，动作迟钝的阿兰达鱼就被吃了个精光。

	古生代						中生代			新生代		
前寒武纪	寒武纪	奥陶纪	志留纪	泥盆纪	石炭纪	二叠纪	三叠纪	侏罗纪	白垩纪	古近纪	新近纪	第四纪

身体滚滚圆，灭绝

喂，你说我"最近又胖了"？怎么说话呢？！都说是误解啦！**别看我块头这么大，食量却小得很，而且只吃健康的蕨类植物，没想到吧？**

"那怎么会胖成这样？"你还讲不讲礼貌了！**告诉你，我的肚子之所以圆滚滚，不是因为赘肉，而是因为肠子！**肠子太长，把肚子给撑得鼓起来了，就这么简单！植物消化起来要花很长时间，肠子太

杯鼻龙

动作迟钝得叫人绝望

肥墩墩

短根本消化不了。

　　还有，多亏这身体圆滚滚的，晒太阳晒来的高体温才不容易下降。**我是变温动物，一旦体温过低就动弹不得，明白吗？**

　　不过最近我也是沮丧得很，因为族群里出现了比我苗条的后生晚辈，动作也比我迅速。**那些后生晚辈，骨骼生来就不一样。**啊——我这个体形，感觉已经彻底落后于时代啦！好讨厌——叫人家怎么活呀！

啊
呜
啊
呜

灭绝时间	二叠纪前期
物种分类	合弓类
体形大小	全长 4m
栖息地	北美洲
食物	植物

马后炮

应该在运动方面
再多发展发展？

　　杯鼻龙属于两栖类与哺乳类中间的合弓纲。作为变温动物（俗称"冷血动物"），它们不擅长将体温维持在一定的水平，于是让身体变圆，缩小表面积，使体温不容易溜走。但是，随着时代的发展，在合弓纲当中，体形苗条、动作迅速的兽孔目也慢慢多了起来。动作迟钝的杯鼻龙很有可能就是因为在与兽孔目的生存竞争中落败才灭绝的。

前寒武纪	古生代						中生代			新生代		
	寒武纪	奥陶纪	志留纪	泥盆纪	石炭纪	二叠纪	三叠纪	侏罗纪	白垩纪	古近纪	新近纪	第四纪

哥特虾

大眼睛嚣宾夺主，必绝

全~都是眼睛！

辨别明暗的单眼

观察事物动态的复眼

8

我一看，就知道你是假装洒脱派，其实你属于内心特别容易受伤的类型，对吧？隐藏也没用，因为我拥有明察秋毫的眼睛！

喂，你往哪儿看呢？**这一左一右突出来的眼睛，是可有可无的。** 它们的存在只是为了感觉周围环境的明亮程度。正面的这个才是用来捕捉猎物动态的。**这可不是什么击剑面罩哦！** 这叫"复眼"，是由许许多多只小眼睛聚集而成的。喂，你有没有见过蜻蜓的眼睛？

靠着这只眼睛，我可以看到各种东西。不过，**也因为它，我命中注定吃不上一顿饱饭。** 你来看看这张脸，**九成都是眼睛啊！** 嘴巴实在小得可怜，就算发现了猎物也没法发动袭击，根本没有用武之地。

说到底，我也是只看清了别人，没看清楚自己啊！

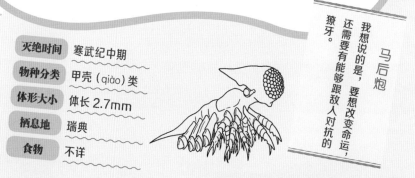

灭绝时间	寒武纪中期
物种分类	甲壳（qiào）类
体形大小	体长2.7mm
栖息地	瑞典
食物	不详

马后炮

我想说的是，要想改变命运，还需要有能够跟敌人对抗的獠牙。

在寒武纪，生物的种类突然增多了，这和眼睛的演化有很大的关系。一旦获得眼睛，就能够看见自己以外的其他生物，于是，出现了依靠迅速行动来袭击对方的生物，以及为求生存而使身体变硬的生物。在这拨潮流中，哥特虾仅仅把眼睛变大了。巨大的复眼虽然有利于发现猎物，但由于嘴和脚都很小，缺乏捕捉猎物的能力，所以，哥特虾似乎在短时间内就灭绝了。

前寒武纪

古生代						中生代			新生代		
寒武纪	奥陶纪	志留纪	泥盆纪	石炭纪	二叠纪	三叠纪	侏罗纪	白垩纪	古近纪	新近纪	第四纪

9

翅膀华而不实，灭绝

悠岁月流逝，我此刻在此地苏醒。我便是远古时代繁盛一时的龙——空尾蜥……啊，不对？自称"龙"言过其实？明白了……**我便是远古时代繁盛一时的、类似蜥蜴的爬行类——空尾蜥！**

每当我展翅翱翔，大地一片昏暗……什么？我明明没法扇动翅膀？唉，一针见血！我的翅膀上既没有骨头，也没有多少肌肉，其实，缓慢地耸一耸就已经是这对翅膀的能力极限了……不错，我行动

自我感觉是一条大飞龙

帅是挺帅的，可惜没法振翅高飞

空尾蜥

基本靠走。不过，从高大的树木上往下落的时候，会有那么一瞬间，我能在空中飘浮！另外，这对翅膀有助于调节体温！不错……这些现如今都无关紧要了，不好意思……

唔——当我如离弦之箭一般飞扑向猎物时……啊，好吧，实际上，边飞边捉虫子这件事，我承认我办不到……

不错……或许正是因为这对翅膀空有好看的模样，却没有实用的功能，徒有其表，才导致我们最终灭绝的。不过，我的热情不会熄灭！

灭绝时间	二叠纪后期
物种分类	爬行类
体形大小	全长60cm
栖息地	西欧、马达加斯加
食物	昆虫

马后炮

要想强有力地振动翅膀，空有满腔热情，不如骨骼与肌肉来得实在。

据说在古生代，除了昆虫以外，原先并没有其他生物能够飞上天，而空尾蜥是第一个在空中飞翔过的脊椎动物（即拥有脊梁骨的动物）。但是它的翅膀，不过是皮肤表面的突起长大后，变成类似骨头的形状，上面覆盖了一层膜罢了。也就是说，翅膀并没有同真正的骨头和肌肉相连接，实在很难扇动。因此也有一种说法认为，空尾蜥"张开"这对"翅膀"只是为了吸引雌性，可能对生活并没有什么实际的帮助。

	古生代						中生代			新生代		
前寒武纪	寒武纪	奥陶纪	志留纪	泥盆纪	石炭纪	二叠纪	三叠纪	侏罗纪	白垩纪	古近纪	新近纪	第四纪

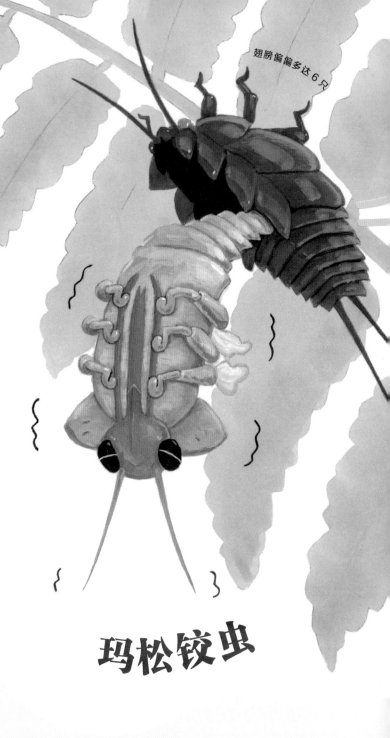

翅膀偏偏多达6只

蜕皮费时费力，灭绝

玛松铰虫

嗯！……只差一点点就行了……**我是从什么时候起开始蜕皮的来着？**……

难道长得有点太大了？……把屁股后面的尖尖也算上的话，接近 1m 长了……**蜕皮的规模实在太大。**

其实，我吃得并不多……**怎么说呢，我也就只是用吸管一样的嘴"唧唧唧"地吮吸蕨类植物的汁液**……那怎么会？怎么会长成这样一个大块头？

就因为块头大，蜕皮非常花时间，很容易就被敌人给盯上，所以每回蜕皮都提心吊胆的……

好不容易成为地球上首批能在天空飞翔的昆虫的伙伴，没想到还没等长大变为成虫，翅膀还没来得及长好，就被杀死了……**翅膀的意义又在哪里！！**

……啊……阵痛又来了。这回一定得搞定……嗯嗯！

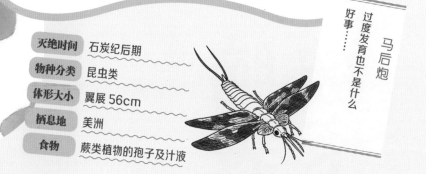

灭绝时间	石炭纪后期
物种分类	昆虫类
体形大小	翼展 56cm
栖息地	美洲
食物	蕨类植物的孢子及汁液

马后炮

好事……过度发育也不是什么

玛松铰虫是最初在天空飞翔的昆虫纲古网翅目中最大的物种。翅膀展开长达 56cm，体形大小直逼据说是最大的昆虫——巨脉蜻蜓。这种巨型昆虫的幼虫在陆地生活，需要经历反复多次的蜕皮，蜕皮过程需要花费相当长的时间，而且毫无防备。也许正因为这样，才让其他昆虫及蝎子、两栖类等动物能够肆无忌惮地吃光它们的幼虫，使它们灭绝。

1
在古生代
灭绝～～摸索阶段的演化步步维艰

	古生代					中生代			新生代		
前寒武纪	寒武纪	奥陶纪	志留纪	泥盆纪	石炭纪	二叠纪	三叠纪	侏罗纪	白垩纪	古近纪	新近纪	第四纪

13

笠头螈

脑袋怎么就变成了这个鬼形状，本尊也不明白

前进不了……

脑袋被卡牢，灭绝

箭头的悲哀

文·两生太郎

笠头螈非常难过。

它刚才在河底走着，本打算去吃几只虾，谁料被横在路中央的一块岩石卡住了头，没法再往前走。

有关它头部巨大化的原因，众说纷纭，有说是这样一来不容易被敌人吃掉的，有说是这样有助于潜水浮水的，还有的说是为了吸引异性……

不管出于哪种原因，总之，头部的巨大化给它们的种群带来了繁荣。

然而，繁荣只不过是一时的。此时此刻，就像这样，它的头正逐步成为挡在它前进道路上的最大障碍。

"真的活像飞镖啊！"

"都怪脑袋的形状变成了这副鬼样子……"在心中发了一通牢骚之后，它尝试把头从石缝里拔出来，然而头一动也动不了。

"既然拔不出来，我就想想别的出路！"

就这样，它在"进退两难"中灭绝了。

灭绝时间	二叠纪后期
物种分类	两栖类
体形大小	全长 1m
栖息地	北美洲、非洲
食物	甲壳类、昆虫

马后炮
也应该考虑让脑袋变大
会有什么损失啊！

笠头螈属于两栖纲，所以出生时形状类似于蝌蚪；长大变态后，脚依然不够大，所以估计也只能在河底四处爬行，无法上岸。笠头螈幼时头部呈三角形，随着慢慢成熟，头骨向左右两侧撑出，变成飞镖的形状。不清楚它们的头部为什么会变得这样奇特，但是，河底存在不少的障碍物，妨碍它们在水底潜藏，这或许就是导致它们灭绝的原因。

1 在古生代
灭绝～摸索阶段的演化步步维艰

	古生代						中生代			新生代		
前寒武纪	寒武纪	奥陶纪	志留纪	泥盆纪	石炭纪	二叠纪	三叠纪	侏罗纪	白垩纪	古近纪	新近纪	第四纪

蕨类植物哀歌

演唱：蕨类植物　作词：须田昌志　作曲：平泉 KEN　播放 4.7 万次·点赞 2511 次

闭上眼　往日历历浮现
回到石炭纪　3 亿 5000 万年以前
热气蒸腾　大地湿润
蕨类植物的大森林（那曾经的天堂）
恰似绿毯铺满地球表面

可叹而今没落　自认植物界少数派　谁的错
地球变干旱　我的一颗心也随她枯槁　泪滑落

Ah　多么渴望天降甘霖
干旱的大地　生存多艰辛！
Oh　不会开花　多么孤寂
孢子发芽　两个配子融合成为合子

苔藓植物和我　本是一母同胞
我追赶演化大潮　立起身子视野好
"我是地球史上最早出现的树木"
（学名叫作 Archaeopteris）

低头俯看苔藓地钱　我得意扬扬纵声笑

可叹而今没落　自认植物界老牌货　谁的错
二叠纪　种子植物翻出新篇　输给它　泪滑落

Ah　祈求给我坚硬的种子
干旱大地里　想要扎根铠甲须坚实！
Oh　求求您赐予鲜花与果实
我也渴望爱　小鸟虫儿的爱

2 在中生代灭绝

~ 异常激烈的战役步步惊心

为了在地球上生存下去，
生物们一步步实现了演化，
但生物间的竞争
也越来越激烈。
只能是小心翼翼，努力不落败。

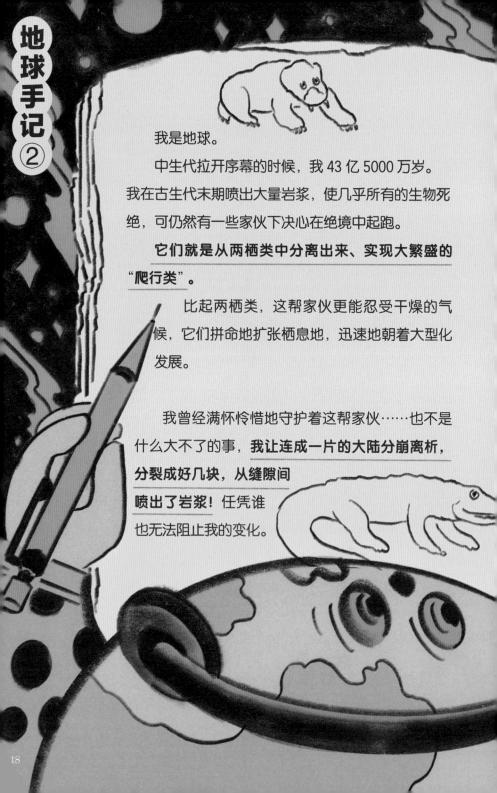

我是地球。

中生代拉开序幕的时候，我 43 亿 5000 万岁。我在古生代末期喷出大量岩浆，使几乎所有的生物死绝，可仍然有一些家伙下决心在绝境中起跑。

它们就是从两栖类中分离出来、实现大繁盛的"爬行类"。

比起两栖类，这帮家伙更能忍受干燥的气候，它们拼命地扩张栖息地，迅速地朝着大型化发展。

我曾经满怀怜惜地守护着这帮家伙……也不是什么大不了的事，**我让连成一片的大陆分崩离析，分裂成好几块，从缝隙间喷出了岩浆！** 任凭谁也无法阻止我的变化。

但是，这帮家伙毫不气馁，很快又呈现出一派欣欣向荣的景象。终于，这帮家伙主宰了海陆空三界：**陆地上有了恐龙，海洋里有了鱼龙和长颈龙，天空中有了无齿翼龙一类的翼手龙。**

不得不承认，它们确实了不起。正当我改变主意，打算从此守护它们的时候，**宇宙中冷不防飞来巨大的陨石撞击我，导致这帮家伙全部灭绝。哎呀，这回可怪不着我。**

地球

尿下如注，灭绝

千真万确，我就是法索拉鳄。

没什么好难为情的。**的的确确，我确实正在撒尿。** 而且我并不打算憋住不尿。但是，事物总在变化，所有事物都不例外，转头才一瞬间，就不一样了。

比如说，**我拥有跑得很快的腿，还获得了能够快速吸收氧气的气囊**[※]**，因此成为了陆地上的王者。** 但

※ 类似于泵的器官，可以使流入肺中的空气保持在一定的量；兼具使身体变轻盈的效果。

法索拉鳄

我的地位同样也是说变就变，因为，地球的环境突然就起了一百八十度的变化。

大地干透，大多数生物都死绝了。我本来打算转移到能瞧见哪怕一丁点水影的地方，无奈干巴巴的大地一眼望不到尽头。**尽管这样，我还是忍不住想撒尿。**

听好了，**灭绝跟尿意都是说来就来，跟我自己的意愿没有关系。** 一旦开始，就谁也阻止不了。

白白浪费了宝贵的水分……

马后炮

假如我也养成俭朴的作风，知道节约体内的水分，没准能……？

灭绝时间	三叠纪末期
物种分类	爬行类
体形大小	全长 10m
栖息地	南美洲
食物	恐龙

在氧气比现在还稀薄的三叠纪，大型爬行纲镶嵌踝类主龙繁盛一时，其中的法索拉鳄更是以原始恐龙为食的最强捕食者。然而，进入随后的侏罗纪，不知为什么，它们被恐龙取而代之。有人认为是由于排尿等行为向体外排出了过多的水分，以致它们没能熬过三叠纪末期干燥的气候；也有人认为只能怪运气不好。

	古生代						中生代			新生代		
前寒武纪	寒武纪	奥陶纪	志留纪	泥盆纪	石炭纪	二叠纪	三叠纪	侏罗纪	白垩纪	古近纪	新近纪	第四纪

水龙兽

呼哈
呼哈……

呼吸困难，

灭绝

Ⓐ 啊，您辛苦了！

Ⓑ 你也辛苦啦……怎么，看你好像没什么精神嘛！

Ⓐ 唉，没什么。**最近，每天的生活都叫人透不过气来**……

Ⓑ 因为氧气稀薄呀——

Ⓐ ……三叠纪刚开始那会儿真叫好啊！

Ⓑ 是吗？**爬出洞穴一看，大伙儿全灭绝了，什么都没了**，不是吗？

Ⓐ 话是没错，不过，我说的好，是说那个时候周围既没有敌害，也没有天敌。

Ⓑ 啊……确实是这样。**最近，新的食肉爬行类也跟雨后春笋似的纷纷冒头呢。**

Ⓐ 没错。想逃跑吧，结果跑不了几步就上气不接下气，马上就被抓住了。

Ⓑ 我倒是对自己很有信心，相信氧气再稀薄，对我们的影响也不会太大，**因为我们的鼻孔和肺都大。**

Ⓐ 我发誓再也不爬出洞穴到外面的世界去啦！

Ⓑ 唉——无论哪个时代，竞争都叫人精疲力竭啊！

灭绝时间	三叠纪前期
物种分类	合弓类
体形大小	全长 1m
栖息地	非洲、欧亚大陆、南极
食物	蕨类植物

马后炮

我很想知道，有什么办法让我们不离开安全的巢穴也能活下去。

地下的巢穴是我的窝

水龙兽幸运地从古生代末期的大灭绝事件中逃过一劫，在敌害与天敌全都绝迹的环境下广泛地扩张了栖息地。但是，当时氧气浓度低，想要随性地活动想来相当困难。因此，拥有气囊这种演化了的器官、适应低氧环境的镶嵌踝类主龙等爬行动物一出现，水龙兽大概就被夺去了栖息地，而且被猎杀殆尽，最后灭绝。

前寒武纪	古生代						中生代		新生代		
	寒武纪	奥陶纪	志留纪	泥盆纪	石炭纪	二叠纪	三叠纪	侏罗纪	白垩纪	古近纪	新近纪	第四纪

奇翼龙

没能成功变成鸟，'灭绝

看着像手指，其实是手腕骨……

亲爱的爸爸妈妈，你们好吗？自从来到中国内陆，到今天已经一个月过去了。

你们听我说！就说昨天，<mark>我从高大的树上飞下来20次！</mark>还从空中捉了虫子来吃。这里有非常多的虫子，看起来很好吃！我彻底爱上这片森林了！

说起来，除了我，这里还有别人也在练习飞翔。<mark>它们浑身长满羽毛，看起来轻巧极了……</mark>说实话，我还不怎么会飞。<mark>说到底，还是长满羽毛的翅膀比飞膜更好用吧……？</mark>

唉……不行啊！到底还是说了丧气话。<mark>我明明已经下定决心，立志成为世界上第一只"会飞的恐龙"。</mark>是的，总有一天，我要依靠自己的力量振翅飞上蓝天给大家看！

哇，不知不觉写到这时候！再见了！这段时间里虽然经历了种种事情，不过总之我挺好的。

看样子羽毛更能帮助飞翔。
我真是失败透顶！

马后炮

灭绝时间	侏罗纪后期
物种分类	爬行类
体形大小	全长60cm
栖息地	中国
食物	昆虫

　　人类已经发现许多侏罗纪后期开始朝着鸟类演化的恐龙化石。属于手盗龙类的奇翼龙是恐龙中尤其接近鸟类的演化支，它们拥有羽毛，翅膀像蝙蝠一样由飞膜构成，但却似乎并没有足以让它们振翅飞翔的肌肉，所以只能像鼯（wú）鼠那样滑翔。最终的结果，能够飞上天的是拥有羽毛之翼的类群，奇翼龙的飞膜之翼终究没有被子孙继承下来。

	古生代						中生代			新生代		
前寒武纪	寒武纪	奥陶纪	志留纪	泥盆纪	石炭纪	二叠纪	三叠纪	侏罗纪	白垩纪	古近纪	新近纪	第四纪

懒得走路，灭绝

你说什么？搁浅？怎么说呢，看人脸看累了呗。现在咱正在休息，你这样说叫咱好生难过。

啊——真真提不起劲儿来啊！**什么事提不起劲儿？走路呗。**等到要上岸了才明白，咱真的不适合走路呢。**想靠这么细小的腿支撑起100kg，怎么可能呢？** 糟糕，说溜了嘴，居然把体重给说出来了！

这么说吧，早先待在海里的是咱的祖先，**鱼龙是后来才来的，可突然之间就开始接管海洋。** 它跟咱说什么"一旦给我看到就吃掉你"，咱大惊："嗬！"咱就想："啊，既然这样，行吧！"于是放弃海洋，来到了这里。

这不，正打算登上陆地，却发现**不但身子完全动弹不得，还有可能被资格比我老的、像鳄鱼的家伙给吃掉。** 真是倒霉透顶了。话说重力是什么呢？从来没听说还需要用这东西啊！别是骗咱吧？

无齿龙

从海里一路坚持不懈来到了河口

明明乌龟都能上岸……

灭绝时间	三叠纪后期
物种分类	爬行类
体形大小	全长 1m
栖息地	德国
食物	水生植物

马后炮

假如腿部力量能够达到乌龟的水平，就好了吧？！

楯（dùn）齿龙目在三叠纪的浅海实现了演化，其中无齿龙算是最后才出现的，它们发育出了类似于乌龟的甲壳。有一种说法认为，这是为了保护自身不受当时海里势力增强的鱼龙的伤害。为了躲避鱼龙，无齿龙把生存环境从海里转移到了河口区域，但是，可能因为水中生活过得太久，腿部并不具备足以支撑体重的力量，所以没能登上陆地就灭绝了。

前寒武纪	古生代						中生代			新生代		
	寒武纪	奥陶纪	志留纪	泥盆纪	石炭纪	二叠纪	三叠纪	侏罗纪	白垩纪	古近纪	新近纪	第四纪

27

巨型恐龙灭亡，灭绝

异特龙

剑龙也是我的最爱 ♡

迷 迷小姐——迷惑龙小姐在哪里？我是多么、多么地渴望见到我的迷迷小姐。我是多么地渴望早一刻飞扑进迷迷小姐宽阔的胸怀。**我多么渴望尽情地咬住您那颀长而又美丽的脖颈不放。**我要反反复复地撕咬，咬到您流血，咬掉您的肉，叫您一生一世不能把我忘怀。**我这恰似刀子一般的牙齿正是为了您而生的。**

但是为什么？**究竟为什么，我的眼前再也见不到您的情影，迷迷小姐？**几十万年以来，有您的地方必定有我。正因为有您在，我才能长得这样魁梧。**其他的小恐龙我已经没法吃了。**如果迷迷小姐不在了，我也活不下去。您明明知道，却还是残忍地比我先走一步。我是多么悲伤！是您让我这样悲伤，我绝对不原谅您。

您尽管逃吧，逃也没用，我一定追您到天涯海角，**一定再次把您吃掉。**

灭绝时间	侏罗纪末期
物种分类	爬行类
体形大小	全长9m
栖息地	北美洲、欧洲、非洲
食物	蜥脚类等的恐龙

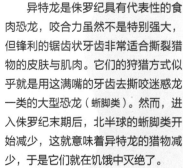

马后炮

不该一味穷讲究，也该对其他恐龙有点兴趣，对不对？

啊，多么可爱的迷惑龙小姐♡

异特龙是侏罗纪具有代表性的食肉恐龙，咬合力虽然不是特别强大，但锋利的锯齿状牙齿非常适合撕裂猎物的皮肤与肌肉。它们的狩猎方式似乎就是用这满嘴的牙齿去撕咬迷惑龙一类的大型恐龙（蜥脚类）。然而，进入侏罗纪末期后，北半球的蜥脚类开始减少，这就意味着异特龙的猎物减少，于是它们就在饥饿中灭绝了。

前寒武纪	古生代						中生代		新生代		
	寒武纪	奥陶纪	志留纪	泥盆纪	石炭纪	二叠纪	三叠纪	侏罗纪	白垩纪	古近纪	新近纪	第四纪

29

毒海无边，灭绝

灭绝

沧龙

一脸无所谓的菊石

外表长成这样的我其实是蜥蜴的远亲

俺的牙确实已经咬住这家伙的要害了，但就在俺打算咬碎这只菊石的外壳的那一瞬间，一股莫名其妙的冷劲儿冲俺袭来。

糟糕，不对劲！

想想又不可能。对俺来说，吃掉这家伙，应该就跟撕破一张面巾纸一样不费吹灰之力。但是，看这家伙表情这么沉着冷静，怎么回事……

在被压缩到极限的时间内，俺进行了前所未有的思考，然后，俺理解了：这家伙已经接受了死亡……！

几年前，陨石撞击地球，造成毒气弥漫。毒气接着化作毒雨降落到海里，拜这毒雨所赐，海里的浮游生物之类全部绝种。再进一步，以它们为食的鱼和菊石也都死绝了。

俺就应该早点发现不对劲啊！看来这家伙已经是最后一只菊石，下一个就轮到俺了！这就好比下棋，还没杀一步，就被将死了。

灭绝时间	白垩纪末期
物种分类	爬行类
体形大小	全长 18m
栖息地	北半球海域
食物	菊石、鱼

如果在环境稳定下来之前选择冬眠，没准也就躲过一劫了。

马后炮

沧龙是白垩纪后期海洋里最大最强的捕食者，全长 18m，体重更是高达 20t。然而，白垩纪末期，天上掉落巨大的陨石，海洋环境也因此发生骤变。陨石的坠落地点含有大量硫黄，硫黄受到陨石撞击的冲击，蒸发成为硫酸气体，接着化作酸雨降落。因此，浅海的生物纷纷绝种，沧龙也跟着灭绝了。

古生代						中生代			新生代		
寒武纪	奥陶纪	志留纪	泥盆纪	石炭纪	二叠纪	三叠纪	侏罗纪	白垩纪	古近纪	新近纪	第四纪

前寒武纪

脊冠成风帆，灭绝

兄 呱——！这个横向刮来的风也太大啦！前方啥都看不见啦！

弟 这也太危险啦，哥哥！

兄 说什么丧气话哪，弟弟——！**不是说好了吗，咱们要飞越这片海洋，去向雌龙们炫耀咱们头上漂亮的脊冠！**

弟 只怕是还没达成心愿，就被风刮到海里去啦！

兄 你这个大蠢货啊——！告诉你，这个大脊冠吧——**可是雄性的证明啊！**

夜翼龙

身体不受控制地在风中翻跟头！

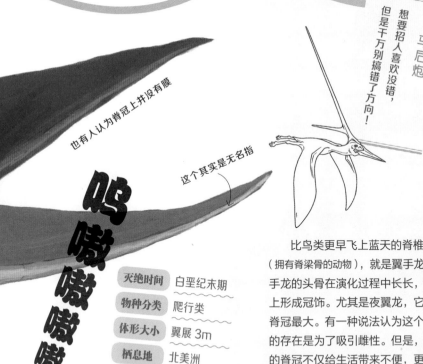

弟　证不证明的有什么用嘛！

兄　这脊冠就是为了吸引雌龙而长的，你不知道吗？！从小就长，一直长到1m长。**到现在长得比头骨都大了。**

弟　这种事我没听说过呀——！你先听我说嘛！

兄　别——说——啦——！不能吸引雌龙，活着还有什么意义啊，弟弟——！

弟　你听我说嘛！**哥哥，风把我刮得身子整个儿都翻转过来啦！**

兄　呱——！前方啥都看不见啦！

弟　我看是没救了。

马后炮

想要招人喜欢没错，但是千万别搞错了方向！

也有人认为脊冠上并没有膜

吧嗷嗷嗷嗷～

这个其实是无名指

灭绝时间	白垩纪末期
物种分类	爬行类
体形大小	翼展 3m
栖息地	北美洲
食物	鱼

比鸟类更早飞上蓝天的脊椎动物（拥有脊梁骨的动物），就是翼手龙。翼手龙的头骨在演化过程中长长，在头上形成冠饰。尤其是夜翼龙，它们的脊冠最大。有一种说法认为这个脊冠的存在是为了吸引雌性。但是，过大的脊冠不仅给生活带来不便，更可能成为它们没有迎来繁荣就走向灭绝的原因。

前寒武纪	古生代						中生代			新生代		
	寒武纪	奥陶纪	志留纪	泥盆纪	石炭纪	二叠纪	三叠纪	侏罗纪	白垩纪	古近纪	新近纪	第四纪

后背不设防，灭绝

半甲齿龟

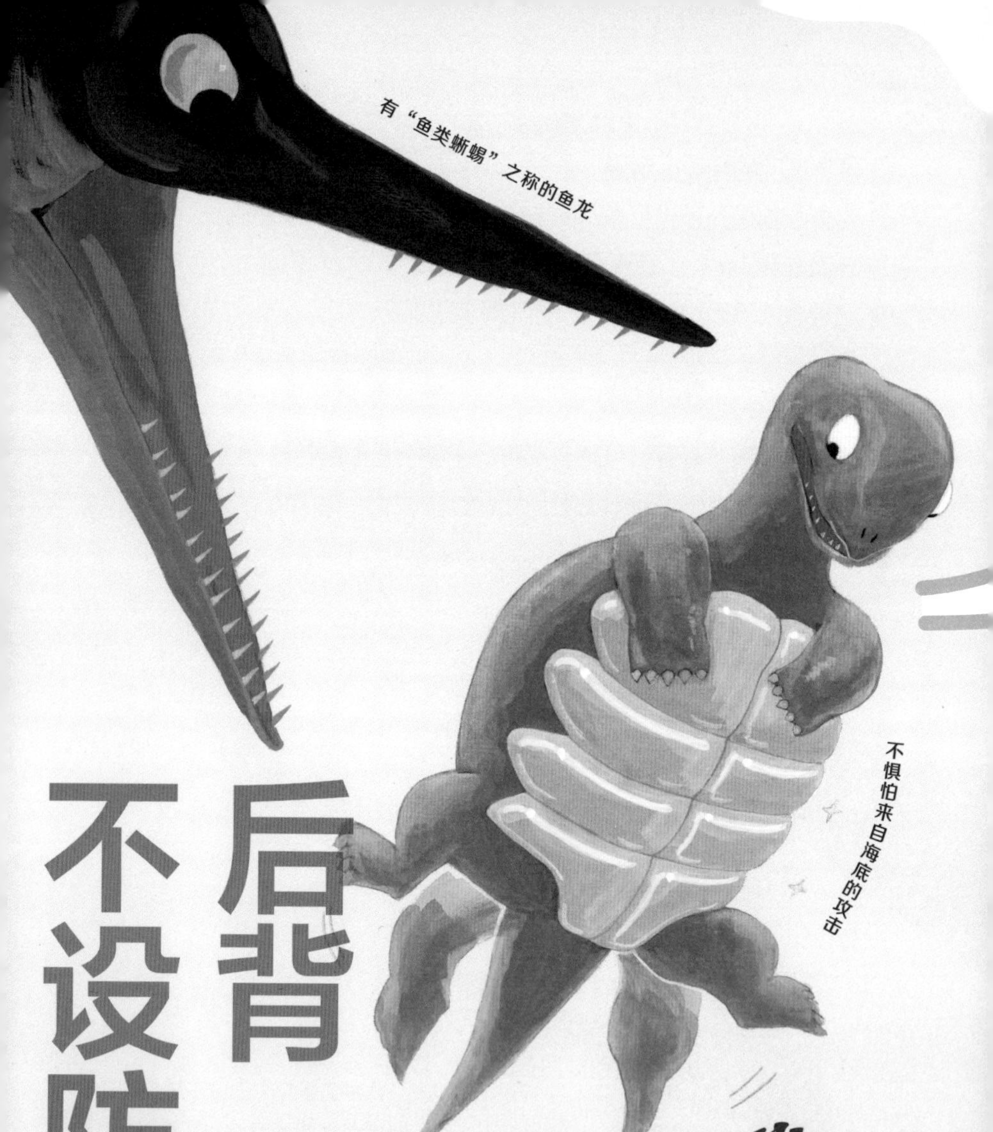
有“鱼类蜥蜴”之称的鱼龙
不惧怕来自海底的攻击

那 个……有件很重要的事，我能跟你说说吗？

你认为这是什么？……没错，是甲壳。**我的甲壳，是披挂在腹部的哟。**

我想说，该来的终归还是来了，敌人已经来到了我身后，它就在那儿张开血盆大口等着哩。

可是我现在很难逃脱。腹甲太碍事，害我游不快。后背又因为没有甲壳，很柔软，一旦被咬住就完了，真的伤不起啊！

怎么说呢，攻击明明通常来自后背，我却偏偏给肚子披挂上了甲壳，大错特错。**唉，就因为我是第一个披甲的乌龟，**谁叫我是先驱者呢？这也是没有办法的事。可是，**你也没想到吧，连躲到甲壳里去也不行！**

……就因为这个原因，我的肉动不动就被咬掉一大块！答应我，你可不能学我只顾肚子不管后背哟！再见啦！

灭绝时间	三叠纪后期
物种分类	爬行类
体形大小	全长 40cm
栖息地	中国
食物	不详

什么东西最应该保护，千万不能搞错，你说呢？

马后炮

2 亿 2800 万年前的、最古老的龟，身上还没有甲壳，又经过了 800 万年出现的半甲齿龟才开始获得甲壳，只不过仅仅长在腹部。看来，在犰狳（qiú yú）及刺猬提高了后背防御能力的情况下，龟却是首先朝着保护腹部的方向演化。无奈甲壳发育并不完善，不能充分地保护身体不受伤害，所以，当后背也获得甲壳的龟一出现，半甲齿龟便灭绝了。

前寒武纪	古生代						中生代		新生代		
	寒武纪	奥陶纪	志留纪	泥盆纪	石炭纪	二叠纪	三叠纪	侏罗纪	白垩纪	古近纪	新近纪 第四纪

羽毛毫无意义，灭绝

本打算从树上降落，结果变成坠落

也有人认为羽毛起到降落伞的作用，不过并不能确定

长鳞龙

同学们好！长鳞龙长得非常像鸟，引发大家的热议。这次我针对它的身长、它与鸟类的关系、它背上的羽毛等三个问题做了相应的调查。

身长是多少？出乎意料地小？

 考察化石，**可以知道它的身长大约为 20cm**。体形大小和日本石龙子差不多，威慑力不怎么大，真是遗憾。

与鸟类的关系是真的吗？

 根据身上长羽毛这一点，也有传闻说长鳞龙是"鸟类的祖先"。但是，除了羽毛以外，**似乎并没有其他共同点，所以该传闻是不可靠的。**

羽毛是如何使用的？

 我们以为它曾经展开长达 15cm 的羽毛在天空飞翔，**其实据说它完全没法振翅高飞！** 至于羽毛派什么用场，我也试着调查过，但是没有查到一个明确的答案。

大家对我的总结还满意吗？今后我会继续关注长鳞龙的！

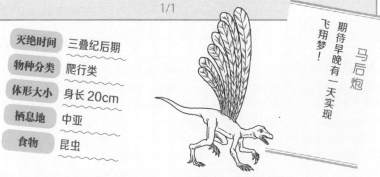

灭绝时间	三叠纪后期
物种分类	爬行类
体形大小	身长 20cm
栖息地	中亚
食物	昆虫

马后炮 期待早晚有一天实现 飞翔梦！

鸟类的羽毛形状全部长得一样，因此，它们从获得羽毛的共同祖先演化而来的可能性相当大。人们普遍知道的、拥有羽毛的最古老的动物，是侏罗纪后期的恐龙。然而出人意料的是，在距离那时很久以前的三叠纪，就已经出现了一种爬行类，长着类似羽毛的东西，那就是长鳞龙。不过，有羽毛的长鳞龙化石仅仅发现了一件，而且，"羽毛"的作用还不十分清楚。

	古生代						中生代			新生代		
前寒武纪	寒武纪	奥陶纪	志留纪	泥盆纪	石炭纪	二叠纪	三叠纪	侏罗纪	白垩纪	古近纪	新近纪	第四纪

身体快要「焖」熟，灭绝

这个吧，真对不起，有点兴奋，控制不住……**都是体温升高给闹的，我觉得有点热。**

我的出发点就只是为了保护自己不受伤害。食肉恐龙越长越大，所以我就想，照这样下去恐怕性命不保。**于是也让自己跟着巨型化，没想到不知不觉间变成了世界第一大恐龙。**我高兴坏了，放声大喊："瞧我多强大！"

可是……说实话，我在巨型化的道路上走得太

阿根廷龙

远了。**我的身体被叫作"气囊"的袋子越撑越大，**就好比身体里面塞进了很多很多的气球。

还有，我自己也想到了，**如果脖子和尾巴长得太长，一旦摔倒就再也别想站起来。**可我还是要逞强，不肯停止巨型化。

真是做梦也没想到，逞强的结果是身体过于庞大，体温降不下来。**正常体温接近50℃，死神还能不靠近？**真的只能怪自己让身体"热"过头了……

其实我连汗都出不来

越大，并不等于越好啊！

马后炮

灭绝时间	白垩纪后期
物种分类	爬行类
体形大小	全长35m
栖息地	阿根廷
食物	植物

史上最大级别的恐龙——阿根廷龙，全长35m，推测体重高达73t，在陆栖动物当中可谓绝对性的巨大。因此，有人认为它们只要长大成年就天下无敌，可其实它们却有一个出人意料的弱点：身体过于庞大，热量积蓄在身体内部不容易逃散，所以体温一旦升高就很难降下来。因此，如果气温一连很多天偏高，它们就有可能因为自身体温过高而活活闷死。

外强中干，灭绝

说起来，去年因为右脚受伤，没能取得理想的成果，所以今年特别注意加强体能锻炼，也有意识地付诸实践了。现在，体重增加到 2t，**身体也长到了 4m 长，效果明显感觉得到。**

唔——游得慢是我需要攻克的难题，这一点我当然也已经认识到了。不过，还不至于那么着急上火。说到底，我的守备范围只在浅海，海洋深处我

两眼放光的海王龙们

古巨龟

是不去的。**最近，确实有大鲨鱼和长颈龙开始在附近出没，**但我还是认为，毕竟物种不同，只要做好自己分内该做的事，就能确保地位不会被夺走……

明年呢……**背上的这块甲壳其实目前还是软的，我的目标是把它锻炼得梆梆硬。**目前呢，一旦被咬住就玩儿完了，所以我一定得小心再小心。

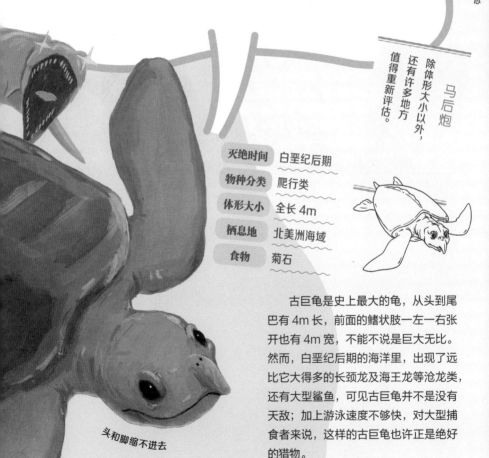

马后炮

除体形大小以外，还有许多地方值得重新评估。

灭绝时间	白垩纪后期
物种分类	爬行类
体形大小	全长 4m
栖息地	北美洲海域
食物	菊石

头和脚缩不进去

古巨龟是史上最大的龟，从头到尾巴有 4m 长，前面的鳍状肢一左一右张开也有 4m 宽，不能不说是巨大无比。然而，白垩纪后期的海洋里，出现了远比它大得多的长颈龙及海王龙等沧龙类，还有大型鲨鱼，可见古巨龟并不是没有天敌；加上游泳速度不够快，对大型捕食者来说，这样的古巨龟也许正是绝好的猎物。

前寒武纪	古生代						中生代			新生代		
	寒武纪	奥陶纪	志留纪	泥盆纪	石炭纪	二叠纪	三叠纪	侏罗纪	白垩纪	古近纪	新近纪	第四纪

以心传心基因来电

演唱：达君家族　作词：DJ 达君　作曲：爆速 DNA 机器　　播放 5.1 万次 · 点赞 3008 次

HEY YO！变样！身体感觉异样？
担忧大可不必　这叫基因突然变异 YEAH

这一天变化来得突然　见到我的家伙们众声哗然
爸爸妈妈的模样全然不见　崭新的身体就这样出现
所以（怎么样）我要迎向我的（未来）从此刻起实践

WOW WOW　为什么我如此与众不同？
因为身体设计图有一点点改动　并不是统统
父母生我时拷贝走了样　原因万千种
是失败？是革命？谁也说不清　最要紧要变成功

基因突变它超超超超高风险　不骗你
几乎所有变异　对身体有百害无一利

他们说　基本上　一旦变异马上死　超凶险不吉利
不过极其极其罕见　发生超绝奇迹
留下强过父母的子孙不计其数（你说话就算数？）

WOW WOW　与众不同难道就应该遭排挤？
突然变异并非我本意
是淘汰还是获得新能力　百分之百靠运气
该欢欣鼓舞？该绝望伏地？
谁也说不清　叹息又何必？

HEY YO！变异等于大博弈　一代接一代
我的未来　我的时代
有一天也将焕然一新　为我而来！

3 在新生代灭绝

～ 变幻莫测的环境步步困顿

地球的环境仍在持续变化，繁盛与灭绝仍在交替上演，周而复始。考验接踵而至，没有一刻停止。面对眼前的新环境，只能是徘徊着前行。

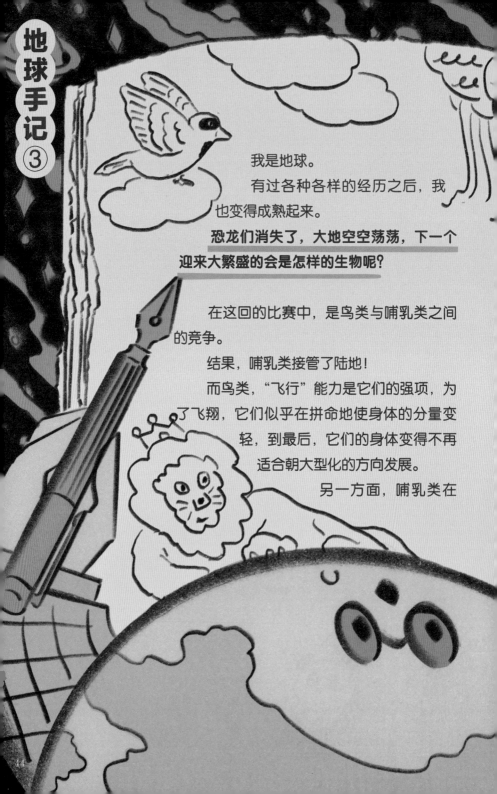

我是地球。

有过各种各样的经历之后，我也变得成熟起来。

恐龙们消失了，大地空空荡荡，下一个迎来大繁盛的会是怎样的生物呢？

在这回的比赛中，是鸟类与哺乳类之间的竞争。

结果，哺乳类接管了陆地！

而鸟类，"飞行"能力是它们的强项，为了飞翔，它们似乎在拼命地使身体的分量变轻，到最后，它们的身体变得不再适合朝大型化的方向发展。

另一方面，哺乳类在

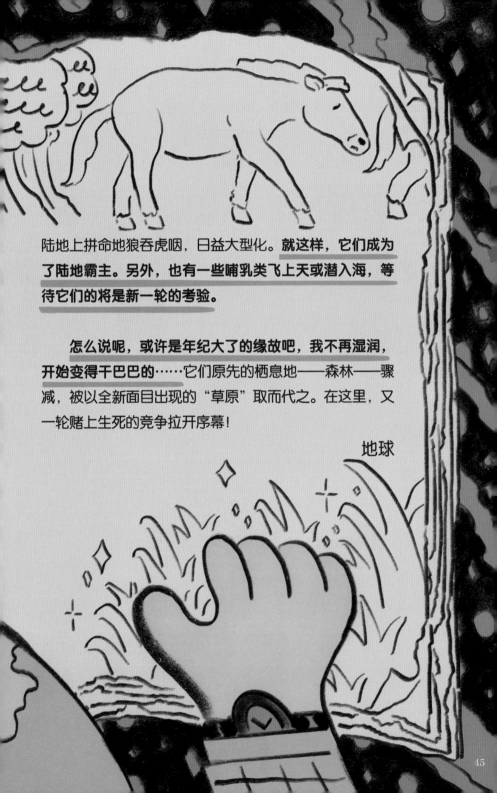

陆地上拼命地狼吞虎咽，日益大型化。**就这样，它们成为了陆地霸主。另外，也有一些哺乳类飞上天或潜入海，等待它们的将是新一轮的考验。**

怎么说呢，**或许是年纪大了的缘故吧，我不再湿润，开始变得干巴巴的**……它们原先的栖息地——森林——骤减，被以全新面目出现的"草原"取而代之。在这里，又一轮赌上生死的竞争拉开序幕！

地球

奇角鹿

无法适应草原，灭绝

完美的Y

獠牙也只有雄鹿才有 →

46

吃这东西会磨损牙齿，不舒服……青草气味直冲鼻孔……总有几根草筋残渣留在嘴里……**草这东西，实在是叫人不痛快的食物。**

最近，森林缩小，草原扩大，无奈之下尝了尝，不得不感叹：底层小民还真能咽得下这种东西啊！**我还是更爱柔柔嫩嫩的树叶。**

说到底，我这美丽的牙齿根本就不适合咀嚼硬邦邦的青草。这东西薄薄的一片，没多少厚度，等于没多少肉和汁液，必须花时间把它磨碎嚼烂，害得我的牙齿磨损得很快。

对于漂亮的野兽来说，牙齿就是命。牙齿一旦失去再也不会回来。希望你不要把我跟那些土里土气的兽类相提并论。

嗯？你对我这鼻尖上的角感兴趣吗？这可不是用来战斗的，**它的存在是为了吸引雌鹿。**长得像字母"Y"，很有型，对不对？**不过，也就只是看着有型罢了。**

灭绝时间	新近纪（上新世前期）
物种分类	哺乳类
体形大小	体长2m
栖息地	北美洲
食物	树叶

应该花点心思研究
怎样才能让草
更容易下咽？

马后炮

奇角鹿属于和骆驼相近的偶蹄类。偶蹄类中有许多获得了角，而奇角鹿的角，即使在它们当中也算得上是相当独特的。奇角鹿除了头上长着一对像牛一样的犄角外，鼻子上还有一根长长的"Y"字形的角。由于雌鹿不长鼻角，所以，一般认为鼻角是供雄鹿攀比外貌用的。不过，它们在让鼻角得到发育的同时，却似乎并没有让牙齿好好演化，以便进食坚韧的青草，所以，在草原进一步扩大时就灭绝了。

	古生代						中生代			新生代		
	寒武纪	奥陶纪	志留纪	泥盆纪	石炭纪	二叠纪	三叠纪	侏罗纪	白垩纪	古近纪	新近纪	第四纪

终生不换牙，灭绝

柔柔嫩嫩的树叶是我的爱♥

恐象

48

嗷——啊啊啊！我受够啦！太丢脸啦！

为什么？**为什么我的獠牙是反方向长的？**想来想去，这不是打算刺向自己嘛！谜……真就是个谜。人类当中还有人造谣，说什么"是在河里睡觉的时侯，用来戳在地上，以防止被水冲走"。**如果真是那样，我不就成了妖怪了？**真是丢不起这个脸！

早知道在獠牙长成这副独特的模样，彰显"个性"之前，就应该先让槽牙演化好了再说，也别一个劲儿地盯着树叶吃了！

我的牙齿是软的，所以我没法吃草！我也不能像别的大象那样一生无数次地换牙，一旦牙齿磨损殆尽也就完了，象生就算终结了……唉！明明草原都扩张成这样了，**我怎么还是选择了从一座森林走向另一座森林的生活呢！**

讨厌讨厌讨厌！真想消失算了！咳，死都死了还有什么好说的！

灭绝时间	100万年前
物种分类	哺乳类
体形大小	肩高 4m
栖息地	非洲、欧亚大陆
食物	树叶及树皮

> **马后炮**
> 既然决定做与众不同的事，就应该做好心理准备，永远不后悔。

恐象是在相当早的阶段就同其他象科类群分离的一个种群，它们只有下颌获得了獠牙。这对獠牙向内侧弯曲，看样子很难用于进食，主要用途也许是用来吸引异性。它们依靠长长的腿从一座森林转移向另一座森林，似乎一直保持着摄食树叶的习性。据推测，恐象由于不像现在的大象那样可以无数次地更换槽牙，所以，当森林减少时，它们无法进食坚韧的草，便灭绝了。

前寒武纪	古生代						中生代			新生代		
	寒武纪	奥陶纪	志留纪	泥盆纪	石炭纪	二叠纪	三叠纪	侏罗纪	白垩纪	古近纪	新近纪	第四纪

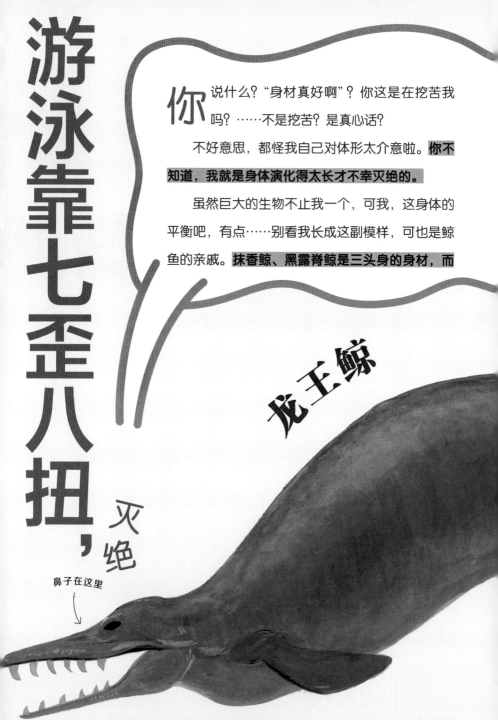

游泳靠七歪八扭，灭绝

你说什么？"身材真好啊"？你这是在挖苦我吗？……不是挖苦？是真心话？

不好意思，都怪我自己对体形太介意啦。**你不知道，我就是身体演化得太长才不幸灭绝的。**

虽然巨大的生物不止我一个，可我，这身体的平衡吧，有点……别看我长成这副模样，可也是鲸鱼的亲戚。**抹香鲸、黑露脊鲸是三头身的身材，而**

鼻子在这里

龙王鲸

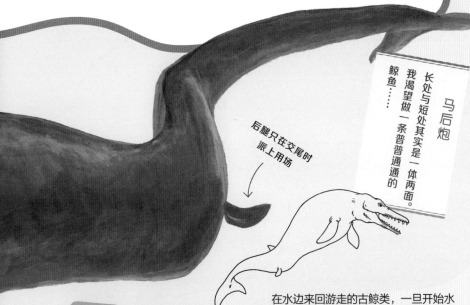

我长达十头身！怎么比！

你说什么？"好羡慕啊"？你怎么就不明白！！就因为从头到尾鳍整体太长，我必须一上一下地扭动身体才行，要不然就没法前进。

拜这身材所赐，我根本游不快，完全追不上新种鲸鱼！

我也有后腿，算是在陆地上待过的纪念，**可惜只有60cm长……**

你说什么？"好可爱啊"？你小子果然还是瞧不起我，是吧？！

后腿只在交尾时派上用场

马后炮

长处与短处其实是一体两面的。我渴望做一条普普通通的鲸鱼……

灭绝时间	古近纪（始新世后期）
物种分类	哺乳类
体形大小	体长20m
栖息地	非洲、欧洲及北美洲海域
食物	鲸鱼、鲨鱼

在水边来回游走的古鲸类，一旦开始水中生活，便朝大型化发展。其中最大的当属以身体细长为特征的龙王鲸。鲸鱼是通过纵向拍打尾鳍来产生游泳前进的动力的，龙王鲸由于尾巴太长，力量很难传递到尾鳍，所以游泳速度很慢。因此，似乎当齿鲸类和须鲸类等新种鲸鱼一出现，龙王鲸在速度方面追赶不上它们，就灭绝了。

		古生代						中生代			新生代		
前寒武纪	寒武纪	奥陶纪	志留纪	泥盆纪	石炭纪	二叠纪		三叠纪	侏罗纪	白垩纪	古近纪	新近纪	第四纪

巨大的粪便消失不见，灭绝

心爱的她已经不在了——

古巨蜣螂

我和她初次相遇，是在我所在的这个地方被称作"日本"之前的远古时代，那时候，野生的大象和犀牛都还在大地上行走。

记忆中的她总是静静站立在同一个地方。伫立在草原上的她，又大又黑，浑身散发着令人不敢轻易靠近的危险气味。

但我却不假思索地立刻钻进去，吃她吃得津津有味、欲罢不能。这便是我生而为屎壳郎的"宿命"。

然而，她突然便从这样的我面前消失，了无踪影。我像往常一样走向草原，这时才如梦初醒，惊觉自己失去了宝贵的她。

"奋子呢？"我环顾四周，自言自语道："奋子去哪里了？"

我痴痴地呆立在草原上，久久地思索着"奋子"消失不见的缘由。

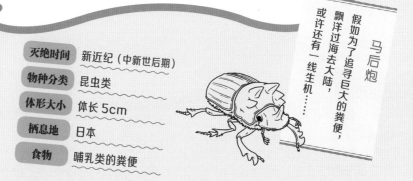

马后炮

假如为了追寻巨大的粪便，飘洋过海去大陆，或许还有一线生机……

灭绝时间	新近纪（中新世后期）
物种分类	昆虫类
体形大小	体长 5cm
栖息地	日本
食物	哺乳类的粪便

中新世的日本气温非常高，生活着嵌齿象一类的大象，还有可儿犀一类的犀牛。古巨蜣螂是通过摄食这些大型动物的粪便实现大型化的蜣螂。现在仍旧是这样，凡是有大象和犀牛的地域，必定有大型蜣螂栖息，不过日本只有小型的蜣螂。大型蜣螂一旦没有了巨大粪便就无法生存，因此在日本，恐怕它们是跟着大象和犀牛一起灭绝的。

前寒武纪	古生代						中生代			新生代		
	寒武纪	奥陶纪	志留纪	泥盆纪	石炭纪	二叠纪	三叠纪	侏罗纪	白垩纪	古近纪	新近纪	第四纪

多 哎呀，这不是啮（niè）齿类妈妈嘛！你好呀！

啮 哎——多瘤齿兽妈妈！原来是您在这儿呀！呵呵呵。

多 是我呀！**总之这里的所有果实，全部都是我先发现的。**嗬嗬嗬。

啮 哎呀，不好意思啦！远远地看过来，您身子太小，看不大清楚的呀！

多 我看您也是的呀！

多瘤齿兽

啮 啊，对了，您家孩子好吗？

多 嗯嗯，好着呢！前些天**终于学会自己吃食了哟**！

啮 哦——真羡慕您呀！我家孩子明明跟您家的是同一个时期出生

的，**可如今都已经结婚生子了**，真有点失落呢！

多 ……我、我在养育孩子方面特别用心啦！

啮 哦——原来是这样啊！

多 嗬嗬嗬嗬嗬嗬嗬——

啮 吲吲吲吲吲吲吲吲——

马后炮

时间是花得多，可论品质，我并没有输哦！

啮齿类

灭绝时间	古近纪（始新世末期）
物种分类	哺乳类
体形大小	体长 10～30cm
栖息地	欧亚大陆、北美洲、非洲
食物	种子及果实

　　多瘤齿兽与包括今天的老鼠在内的啮齿类十分相似。二者体形都小，都能够啃噬（kěn shì）坚硬的物体，都以果实及种子为主食。但是，多瘤齿兽尽管曾经繁荣长达 1 亿年，却像被新出现的啮齿类取代似的灭绝了。它们的幼崽是在胎内发育还不完全的状态下出生的，因此，幼崽的养育需要花费相当长的时间，这就导致传代的时间间隔也比较长，估计这就是它们在生存竞争中落败的原因。

前寒武纪	古生代						中生代			新生代	
	寒武纪	奥陶纪	志留纪	泥盆纪	石炭纪	二叠纪	三叠纪	侏罗纪	白垩纪	古近纪	新近纪 第四纪

牙齿活像紫菜寿司卷，灭绝

咳，生在这样一个时代，有什么办法呢！咱家就是靠这颗牙齿从很久以前一路过来的。

没错，**咱家的牙，就一颗，正是由无数根圆柱紧挨在一起构成的。**圆柱正中间柔软，外侧坚硬，**活像分为两层的紫菜寿司卷。**最近的人们是不会晓得啰。

这颗牙一磨损吧，**每回都会有新的牙从里面长**

索齿兽

出来，就像有传送带在运转似的。所以呢，每当旧牙脱落的时侯，"紫菜寿司卷一碟，来吧您呐——"怎么样，这个笑话讲得有水平吧？

现如今可不行啰！靠这颗牙是没有东西可吃啰！这不，最近海里水温骤降，寒冷刺骨。海里的环境也完全变了一副模样。

咱家倒是也想过试着去吃各种各样的东西，可惜现如今这颗牙不顶用啊！没办法哟！时代在变啊！

灭绝时间	新近纪（中新世中期）
物种分类	哺乳类
体形大小	体长 2.5m
栖息地	北太平洋浅海
食物	不详

马后炮

常言说得好，迎合时代新浪潮，努力改良不能少！

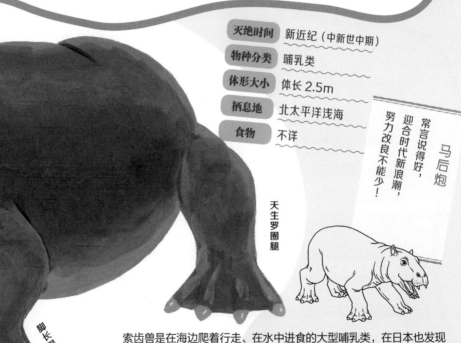

天生罗圈腿

脚长得活像鱼鳍

索齿兽是在海边爬着行走、在水中进食的大型哺乳类，在日本也发现了许多索齿兽化石。它们属于和大象及海牛相近的索齿兽目。后槽牙的形状是它们最大的特征，牙齿中心是柔软的象牙质，外侧则是坚硬的牙釉质，活像一盘紫菜寿司卷，所以，食物无疑是受限制的。因此，当中新世中期气温下降，海边环境发生变化，它们无法应对新环境时就灭绝了。

前寒武纪	古生代						中生代			新生代		
	寒武纪	奥陶纪	志留纪	泥盆纪	石炭纪	二叠纪	三叠纪	侏罗纪	白垩纪	古近纪	新近纪	第四纪

躯体笨重，灭绝

身体轻盈的袋鼠"袋袋"

我跳

袋袋，早上好啊😊！昨天在家休息得好吗？惬意吗？大叔我可是一整天都在忙着工作啊😫

不怕告诉你，前几天我到沙漠东边寻找食物去了😊！**爬了老长的路，结果只找到了一些骨头**😶

要是有别的动物吃剩下的，或者尸体什么的掉在那里就好喽……😐最近真叫饿得发慌，可愁死我喽😟

这话也就只告诉袋袋你一个：**大叔我因为身体笨重，跑不快……**😊跑个 50m 得花 18 秒（慢到爆）。**所以吧，就算跑着去追猎物，猎物也能立刻逃掉**😔

要是能像袋袋这样，轻盈地一蹦一跳该有多开心啊😄！平时总能从你那儿得到鼓励，非常感谢😊还请多多保重身体。**如果你死了，放心，大叔我会把你吃掉的**😊那么再见喽！

舌头能感知尸体的气味

古巨蜥

3 在新生代灭绝 —— 变幻莫测的环境步步困顿

灭绝时间	第四纪（更新世后期）
物种分类	爬行类
体形大小	全长 5.5m
栖息地	澳大利亚
食物	肉

马后炮

要是身体能更小一些，没准就能逃过一劫，不用灭绝 😊

　　古巨蜥全长是科莫多巨蜥的 2 倍，当属史上最大的巨蜥。在食肉哺乳类数量很少的澳大利亚，它们是最大级别的食肉动物。但是，它们行动迟缓，人们认为动物的尸体是它们的主食。然而，当澳大利亚的沙漠化土地扩大，大型动物数量减少，尸体越来越难找到，再加上人类到来，把动作迟钝的古巨蜥当成了狩猎对象，等于雪上加霜，导致它们最终灭绝。

前寒武纪	古生代						中生代			新生代		
	寒武纪	奥陶纪	志留纪	泥盆纪	石炭纪	二叠纪	三叠纪	侏罗纪	白垩纪	古近纪	新近纪	第四纪

59

『防御工事』加固过头，

灭绝

会不会太过了？

卷角龟

带刺的尾巴！

甲壳！

角！

是

吗……我明白，我非常明白。**一想到将来，到底还是会感到不安啊！**我所居住的这座岛，不大有品质太恶劣的动物，所以治安总算还好……谁叫时代是这样一个时代，保不齐什么时候就被吃掉了，想想就叫人担心，不是吗？

于是，我就……咕噜咕噜（**前些天终于在头上安了角**）。哎呀，不是啦！这角也没啥了不起的啦！

怎么说呢……倒是也没什么敌人啦！你看，我天生不就是爱操心的命吗？你看，**薄归薄，甲壳我也有，尾巴上也长出了两三排刺。**我还想呢，这下好了，总算可以放心点了。

讨厌！说什么"看起来好强悍"。再夸赞也没用，什么礼物都没有！**就因为让角长在了头上，害得头都收不进甲壳里去了！**没法灵活地动来动去，反而吃大苦头了——不说了，好讨厌啦（笑）！

灭绝时间	3000 年前
物种分类	爬行类
体形大小	全长 3m
栖息地	澳大利亚、新喀里多尼亚等
食物	植物

马后炮

如果知道人类会来，保不齐能早点想出应对的防御策略吧！

卷角龟当属史上最大级别的陆龟。据说，在它们的栖息地基本上没有什么大型捕食者，但它们却在头上长出角，在尾巴上也长出成排的尖刺状突起，过犹不及地对"防御工事"进行了加固；防御有多坚固，行动就有多迟缓，人类一迁居过来，它们就一只接一只地被人类捕获。后来，卷角龟在最后的栖息地——美拉尼西亚群岛上被猎杀殆尽，终于在大约 3000 年前灭亡。

			古生代				中生代			新生代		
前寒武纪	寒武纪	奥陶纪	志留纪	泥盆纪	石炭纪	二叠纪	三叠纪	侏罗纪	白垩纪	古近纪	新近纪	第四纪

气温骤降冷彻骨，灭绝

那个时候真是好啊……

靠头上的角来决定在族群中的座次

王雷兽

Zetsustagram
让我们来玩"照片墙"

沼泽我来啦~！今天阳光暖洋洋，我躺在水边懒洋洋，水草也好吃，美滋滋♪

#水草　# LOVE　#牙口不好　#坚硬的东西 NG

#求同爱沼泽的好友　#北美洲

4000 万年前

今天的沼泽依旧祥和♪最近尝到了嫩树叶的好滋味，胃口大开，一吃就停不下来~😖

#体重　#危险　#眼看要超过 5t　#长得像犀牛

#其实是远亲

3800 万年前

万万没想到陨石从天而降（爆笑）

#切萨皮克湾　#那是哪儿?　#我等永久不灭

3500 万年前

自从陨石坠落地球，不仅天气变得越来越寒冷，爱吃的植物也全部枯死，一株不剩……😖

#话说那时候　#真是好　#就此灭绝

3400 万年前

灭绝时间	古近纪（始新世末期）
物种分类	哺乳类
体形大小	肩高 2.5m
栖息地	北美洲
食物	水草、树叶

#坚硬的植物的食用方法
#保暖方法
#求「达兽」赐教

马后炮

始新世应该是新生代最温暖的时期，因此植物丰富，让哺乳类不愁食物来源，这使它们种类增加，体形趋向大型化。其中最大的哺乳类便是王雷兽。它和奇蹄目的犀牛长得十分相似，以水边植物为主食。但是由于陨石坠落等原因，始新世末期气温急剧下降，作为主食的植物减少，使王雷兽无法维持巨大的身体照常运行，于是灭绝。

有人说这对角估计什么用也没有

鼻子上长角，灭绝

有角囊地鼠

长、长、终于长出来了……**到底是有角更帅更酷啊！（看成了斗鸡眼。）**

但是……长得名副其实地"近在眼前"，这么看着比想象中的还要大啊！而且还长了两只，没关系吧……**算了，不管了，它们说了，角越漂亮越能吸引雌鼠啊！**这样的话，我也算正式成年，成长为堂堂雄鼠啦。

但是，管理方法很成问题啊……**这对角很能抢**

营养啊！ 如果不再多增加一点食物的量，就只能维持吃不饱饿不死的生活水平啊。咕——！

算了，不管了……**到底是有角更帅更酷啊！** 就是这份沉甸甸的重量，叫人难以忍受啊。如果别的小动物也长这样一对角就好啦。

啊——不行，看角看得太久了。差不多该睡啦……没搞错吧，钻不进去？咦——**怎么脑袋一钻进巢穴里就动不了啦！** 哎呀，这可怎么办？难道尺寸搞错啦？哎呀呀——

灭绝时间	新近纪（上新世前期）
物种分类	哺乳类
体形大小	体长 35cm
栖息地	北美洲
食物	植物

马后炮

满脑子想着吸引异性，没准就看不到别的宝贵的东西啦。咕！

巢穴大小刚好容身……

有角囊地鼠是松鼠的近亲，生活在地下巢穴中。小型哺乳类中几乎没有长角的，而有角囊地鼠是啮齿类中唯一一种有角的动物。在地下生活的松鼠实行一夫多妻制，会形成大群落，所以，这对角有可能是雄鼠攻击其他群落的武器。但是，大角不仅妨碍在地里的活动，而且往往夺走大量营养，所以，想来不利于继续生存。

	古生代						中生代			新生代		
前寒武纪	寒武纪	奥陶纪	志留纪	泥盆纪	石炭纪	二叠纪	三叠纪	侏罗纪	白垩纪	古近纪	新近纪	第四纪

这种行走方式称为"指背行走"

磨尖利爪，灭绝

这样行走时能够保护重要的钩爪

砂犷兽

慢、慢死啦……这算怎么回事嘛！**让人家一个女孩子独自在空空旷旷的草原上等这么久，像话吗？！**那家伙，真的太差劲啦！又没有一个能躲藏的地方，远远地就能看得一清二楚嘛！这万一要是被食肉兽发现可怎么办嘛！

啊——可恨啊……早知道这样，还不如待在森林里不出来，**老老实实摘树叶来吃也好呀**……说到底，那家伙还是不知道我出来一趟有多不容易。**指甲的护理不轻松不说，万一折断，就没法吃树叶了嘛！人家为了保护爪子不受伤，平常总是握着拳头走路**……一旦被食肉兽发现，人家逃也白逃，立马就能被追上。这一点，那家伙明明应该晓得的嘛！

真是的，让人家等得心烦气躁。要不刨刨植物的根，消磨消磨时间……

就应该遵行草原 TPO 原则，让身体顺应时间、地点与场合嘛！

马后炮

灭绝时间	新近纪（上新世前期）
物种分类	哺乳类
体形大小	肩高 1.8m
栖息地	欧亚大陆、非洲
食物	树叶

砂犷兽是马、犀牛等的亲缘动物，同属奇蹄类。作为摄食植物的大型兽类，砂犷兽的前蹄罕见地拥有长长的钩爪，用于把高处的树叶拉下来吃。但是，当气候发生变化，森林减少，它们从一座森林转移向另一座森林之际，靠这对钩爪估计是跑不快的。外加它们的牙齿厚度不够，不适合在草原进食坚韧的草，所以没能存活下来。

前寒武纪	古生代						中生代			新生代		
	寒武纪	奥陶纪	志留纪	泥盆纪	石炭纪	二叠纪	三叠纪	侏罗纪	白垩纪	古近纪	新近纪	第四纪

嘿，你小子不是岛上的人吧? ……**智人?** 没听说过啊! 俺们叫作"弗洛勒斯人"! 你小子到这座岛上干啥来啦? 告诉你，这座岛是属于俺们的。早在 100 万年以前的以前，**俺们的祖先早就登陆了，这座岛从那以后一直就归俺们统治。**

嗯? 你说"小孩儿一边儿去，别闹?"……好啊，你小子哪壶不开提哪壶，刚刚说了最不该说的话……!

没错，俺们身高确实只有 1m 左右。**为了在这小小的岛上，在食物不多的情况下也能生存下去，俺们可是特地变小的!** 你能指望普通小屁孩抓住大老鼠吗?!

……什么? 你说老鼠有什么了不起，你小子也能抓老鼠? 啊，还有武器……那好吧，要不你就安顿下来吧……怎么样，在小小的岛上，咱们和平相处吧……啊?

灭绝时间	第四纪（更新世）
物种分类	哺乳类
体形大小	身高 1m
栖息地	印度尼西亚弗洛勒斯岛
食物	老鼠等

马后炮

如果不故意跟智人找茬打架，没准双方能和平共处吧!

弗洛勒斯人身高仅有 1m。在狭小的岛上生活久了，体形大的动物有时会趋向小型化。这是身体为了在食物不多的情况下生存而作出的适应（顺应环境的变化）。他们的祖先移居到弗洛勒斯岛后耗费了大约 100 万年才实现了小型化，不料智人于 5 万年前上岛，双方围绕栖息环境展开战斗，他们的小体格此时转变为不利因素，最终导致他们灭绝。

前寒武纪	古生代						中生代			新生代		
	寒武纪	奥陶纪	志留纪	泥盆纪	石炭纪	二叠纪	三叠纪	侏罗纪	白垩纪	古近纪	新近纪	第四纪

迷失发展方向，灭绝

各位嘉宾，今日承蒙各位百忙之中齐聚一堂，在此表示由衷的感谢。

在下南美短面熊，**此次作出决断，希望对事业发展规划进行一次大幅度的整改，从"肉食性"改为"杂食性"。**

在下将据点转移到南美大陆，是在大约 280 万年前。现在，在下体长 3m，体重 1.6t，**在食肉业界顺利成长为最大规模的动物。**

然而不承想，近年来，**狗和猫的亲戚，这些具备速度感的冒险动物纷纷进入南美市场。**事实是，肉变得越来越难获取。

因此在下、南美短面熊，决意打出"释放熊的天性"的概念，**以争取做一只健康的熊为目标，食物不仅限于肉，草和果实也都摄入，**一路推进体内革新，直至今日。

在此，恳请诸位今后也一如既往地继续给予在下热情的支持！谢谢！

南美短面熊

直立起来高达 4m

灭绝时间	1万年前
物种分类	哺乳类
体形大小	体长 3m
栖息地	南美洲
食物	肉、果实

马后炮

就该坚决彻底地转换方针，索性豁出去，切换成「草食性」！

　　南美短面熊是巨大的熊，在陆生食肉兽中也是体重最重的一类。这大概是由于在南北美洲仍旧相连的时期，它们抢先进入南美洲，在少有天敌的环境下收获了成功。但是，当其他食肉兽前来扩张栖息地时，巨大的南美短面熊在速度上落于下风，越来越难捕获猎物。尽管它们为此逐渐实现小型化，并养成了杂食的食性，但最终还是灭绝了。

前寒武纪	古生代						中生代			新生代		
	寒武纪	奥陶纪	志留纪	泥盆纪	石炭纪	二叠纪	三叠纪	侏罗纪	白垩纪	古近纪	新近纪	第四纪

被须鲸逃脱，灭绝

听我说，须须，你就当真不能重新考虑考虑咱俩的关系吗？

你的身体能够长到这么大，对我来说也是值得高兴的事。可是吧……你不觉得你太快了一点吗？不但演化的速度是这样，就连游泳的速度也是。你太快了，我现在压根儿别想抓住你了。

话说回来，在这件事上，我也有错。**只怪我以**

利维坦鲸

我追不上你呀……

前一厢情愿地认准了吃你……可是，我也是为了战胜天敌，才不得不让身体增大的。所以，我求求你原谅我，好吗？

还有一句话，我知道我不该讲，也不想讲……**你也是在我看不见的地方大口大口地吃着磷虾，狼吞虎咽的，没错吧？**所以，你才能在短时间内实现巨大化，把身体增大到这个程度，没错吧？！你以为我不知道吗？哎呀呀，骗你的骗你的，我可没生气。对不起，等等，你听我说嘛！

我钟意的须鲸"须须"
↓

实在太快啦

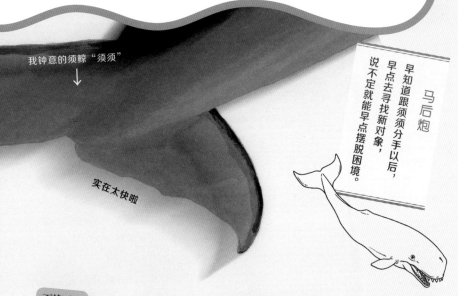

马后炮

早知道跟须须分手以后，早点去寻找新对象，说不定就能早点摆脱困境。

灭绝时间	新近纪（中新世中期）
物种分类	哺乳类
体形大小	体长 17m
栖息地	南美洲海域
食物	鲸鱼

利维坦鲸与抹香鲸相似，但它们嘴部的张开幅度远远大过抹香鲸，而且上下颌各长有两排巨齿。它们捕食体长达 7～8m 的须鲸所用的正是这张大嘴。在同一个时代，还有巨型鲨鱼巨齿鲨也盯上了须鲸。为了与它们对抗，须鲸朝着大型化与提高游泳速度的方向演化。结果，想来是利维坦鲸无法再捕获须鲸，于是灭绝。

前寒武纪	古生代						中生代			新生代		
	寒武纪	奥陶纪	志留纪	泥盆纪	石炭纪	二叠纪	三叠纪	侏罗纪	白垩纪	古近纪	新近纪	第四纪

过度依赖甲壳，灭绝

防灭绝装备推介会

大家好！**这回我要给各位介绍的是，在弱肉强食的更新世活下去的关键装备——甲壳！**

各位请看，就是它了。**正如您所看到的，它非常之大。**有了它，3m 长的躯体也能轻轻松松地覆盖起来！当然，它的好处绝不仅仅只是足够大。这副甲壳的制作工艺，是在皮肤下面再垫上一层坚硬的骨板，因此，它既具备一定的弹力，强度

糟糕，
被人类发现啦！

当然，行动还是迟缓型的

雕齿兽

74

更是超群！**食肉兽的獠牙当然不足为惧，就算人类投掷石子或者梭镖过来，也是坚不可摧，等于挠痒痒！**

还、有、呢！这回特地进一步研制出了遮盖头顶的护盾和套在尾巴上的护尾尖刺，三样护具齐全，方便您成套购买。**有了它们，您也可以无惧外敌！**

使用方面的注意事项：

●功效存在个体差异。●头与脚无法缩进甲壳中。●假如遭遇人类敌手，有可能被他们用梭镖把你掀翻，让你四脚朝天。如遇上述情形，恕不能保证护具仍然百分之百有效。

灭绝时间	1万年前
物种分类	哺乳类
体形大小	体长3m
栖息地	南美洲
食物	地上的草、水草、树叶等

马后炮
万万想不到，就连人类也想要这副甲壳。

雕齿兽是犰狳的近亲。它们祖先的体形大小原本和犰狳接近，但由于剑齿虎等强有力的外敌从北美洲南下，它们便日益大型化，同时提高了防御能力。不料，1万数千年前出现的人类，会将它们掀翻，攻击其柔软的腹部。因为坚固的甲壳能够用作保护身体的盾牌或者收纳箱，所以人类积极地对它们展开猎杀行动。

	古生代						中生代			新生代		
前寒武纪	寒武纪	奥陶纪	志留纪	泥盆纪	石炭纪	二叠纪	三叠纪	侏罗纪	白垩纪	古近纪	新近纪	第四纪

75

盐分摄入过量，灭绝

我昨天跑起来了。**我明明是一只袋鼠，却不会蹦蹦跳跳，但是我像马拉松选手那样跑起来了……！** 因为把后腿的脚趾减少到只剩一根，跑起来就很快了。所以，这是给自己的奖励！

……好吃！这种草太好吃啦！就这种含盐量最要命。**光是叶子就这么咸，简直不要太好吃！** 起先住在沙漠里，除了这个也没别的东西可吃，就只好吃它，

咸咸的草真好吃

巨型短面袋鼠

但是现在已经完全中了它的毒，吃上瘾了，停不下来。

……不要紧吧？稍微喝一点点水不要紧吧？盐分摄入多了就会感到口渴。虽然听说饮水点最近来了一帮叫"人类"的家伙，一旦靠近就会遭到袭击，可是附近能喝水的地方也就只有那里了呀！

……去吗？去吧！万一遭到袭击转身跑就行了。去喝吧！既然决定了，就再多吃点这个草吧！

马后炮

该收手时就应该收手，要不然总有一天叫你后悔都来不及！也许吧！

水也好好喝

灭绝时间	第四纪（更新世后期）
物种分类	哺乳类
体形大小	体长 2m
栖息地	澳大利亚
食物	滨藜

在更新世，澳大利亚中部曾经是一片沙漠，生长着抗干旱能力较强的灌木"滨藜"（bīn lí），有一种袋鼠靠着独霸这种食物实现了大型化，那就是巨型短面袋鼠。由于滨藜在将水分从地底深处吸上来的同时，连带着把地里的盐分也吸了上来，理所当然地使摄食咸叶子的巨型短面袋鼠感到口渴。但是，沙漠中的泉水本来数量就少，泉水附近又开始有人类居住，所以，它们恐怕是因为喝不到水而灭绝的。

前寒武纪	古生代						中生代			新生代		
	寒武纪	奥陶纪	志留纪	泥盆纪	石炭纪	二叠纪	三叠纪	侏罗纪	白垩纪	古近纪	新近纪	第四纪

骆驼（羊驼的祖先）

后弓兽

用鼻子给冷空气加加热

输给骆驼，灭绝

哇——骆驼先生，你今天也好帅啊！**北美洲出身的动物到底不一样啊……**

我这种兽，跟骆驼先生比起来，到底还是差远啦。南美洲不仅跟北美洲彼此分隔已经有好长时间，**而且也没有大型动物从别的大陆过来。**

不过，大概在 280 万年以前，北和南两块大陆重新连在了一起，不断有动物从北面南下，来到我们这里……

别看我长得不怎么样，在南美洲可也是最新类型的动物。实际上我还是相当有自信的。也只能怪北边来的动物比想象中演化得更好，剑齿虎之类可怕的野兽要来吃我，**骆驼先生又要来抢夺我的草，好事一件也轮不到我。**

我还能做的，也就只有用这根长长的鼻子把空气给加加热了。天寒地冻的时候还是蛮方便的，啊哈哈！

马后炮

眼界不开阔的话，有型终归也要变不行，你说对吧？

灭绝时间	第四纪（更新世后期）
物种分类	哺乳类
体形大小	肩高 1.6m
栖息地	南美洲
食物	树叶、草

南美洲曾经长期是一块独立的大陆，因此，特有动物得到演化，后弓兽也属于滑距骨目这一南美洲特有类群的成员。尽管它们是 280 万年前南北美洲大陆连成一体后演化而来的、最新类型的滑距骨目，但当来自竞争更加激烈的北美洲的骆驼和貘（mò）等动物的数量增加到一定程度时，它们好像也就灭绝了。

前寒武纪

古生代						中生代			新生代		
寒武纪	奥陶纪	志留纪	泥盆纪	石炭纪	二叠纪	三叠纪	侏罗纪	白垩纪	古近纪	新近纪	第四纪

79

守株待「兽」，灭绝=

双门齿兽
（双门启启）

重达 2.8t

袋狮

只有大拇指特别大

哟——您可算来啦！今天也终于等到您啦，双门启启！

哇……不愧为澳大利亚第一的森林偶像。可爱、帅气，看起来着实很有味道。

啊——我已经等得心烦意乱。**自从对双门启启一见钟情以来，一个月的时光匆匆飞逝。**我几乎天天守在这里等待机会出击。可是双门启启就是迟迟不现身。尽管这种无尽的等待依然让我觉得你很可爱，但是，**我马上就要到达生命的极限了，马上就要饿死，就要前往另一个世界了。**

可是，我不会积极地追逐你的脚步。**躲藏在大树背后专等对方靠近了便猛地一跃而起伸出前爪扑倒对方，**才是我的行事风格。再说我跑得又慢。

糟糕……视线对上了……！话说回来，最近树木少得厉害。难不成我的身体完全暴露在外？杀机毕露？啊——你这就走了吗？喂，你这算不算来去太匆匆了一点？

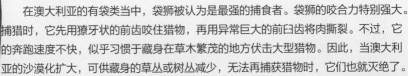

灭绝时间	第四纪（更新世后期）
物种分类	有袋类
体形大小	体长1.3m
栖息地	澳大利亚
食物	肉（大型植食性有袋类）

马后炮

多希望我能敢想敢干，拿出魄力，不顾一切地追上前去据为己有！

在澳大利亚的有袋类当中，袋狮被认为是最强的捕食者。袋狮的咬合力特别强大。捕猎时，它先用獠牙状的前齿咬住猎物，再用异常巨大的前臼齿将肉撕裂。不过，它的奔跑速度不快，似乎习惯于藏身在草木繁茂的地方伏击大型猎物。因此，当澳大利亚的沙漠化扩大，可供藏身的草丛或树丛减少，无法再捕获猎物时，它们也就灭绝了。

海草骤减,灭绝

相互争夺少得可怜的海草

海懒兽

海草可跟海藻不一样,没法在寒冷的海里生长

兄 我要开动了♪

妹 喂，等等！**那不是我拔过来的海草嘛！**

兄 啊？谁叫你自个儿不早点吃掉的？我不管。

妹 开什么玩笑！**你这家伙明明是只懒兽，偏偏这种时候反倒积极得很！** 自力更生去！

兄 啊？……怎么说话呢？你自个儿不也是只懒兽吗？

妹 别拿我跟你相提并论！我每天潜到海里面去找海草，哥哥你可好，瘫在地面上享受现成的！

兄 哎呀，这可不能怪我。**最近海里冷死了，就算我想下去也下不去啊！**

妹 我不是照样下去了吗？

兄 我跟你可不一样，我是敏感体质。**再说最近海草明显很难拔到了，叫我还怎么拿得出干劲来嘛！**

妹 那你有本事忍着别吃！

兄 啊？那怎么行？

妹 什么？那你想怎么样？

兄 暂时就先睡一觉吧，今天！

马后炮

如果能拿出干劲，下决心游到温暖的海域，也就好了啊！

灭绝时间	新近纪（上新世后期）
物种分类	哺乳类
体形大小	体长 2m
栖息地	南美洲西岸
食物	海草

　　海懒兽是懒兽中的一员，它们潜入海里摄食海草。今天的懒兽是浮在水面上进食，而海懒兽骨骼分量重，擅长潜水。海懒兽曾经生活在南美洲的太平洋一侧，但自从 280 万年前巴拿马地峡形成后，温暖的大西洋海水不再汇入，来自南极的洪堡海流导致海水水温降低，进一步导致海草骤减，它们就灭绝了。

前寒武纪	古生代						中生代			新生代		
	寒武纪	奥陶纪	志留纪	泥盆纪	石炭纪	二叠纪	三叠纪	侏罗纪	白垩纪	古近纪	新近纪	第四纪

贝壳特化得太厚，灭绝

你问我后不后悔，我怎么可能后悔呢？

我最不想的就是被不知名的鱼莫名其妙地吃掉。**所以，为了避免被吃掉，我让我的贝壳一个劲地增厚。**虽然身体因此重得游泳都游不动了，但是当埋头待在沙子里的时候，内心不可思议地感到平静。

相比之下，到底算怎么回事嘛，那个扇贝小姑娘！**说什么"为了在舒适的水温里生活，我要去寻找自我♪"，一会儿往北、一会儿往南地瞎转悠。**难道就不懂什么叫"端庄稳重"吗？

不过，最近有件事着实让我苦恼、难过。水温上上下下，每回只要水温一变动，不是北边就是南边，同伴一个接一个地死去。**因为我们只能生活在 5~19℃的水温里。**

说起来，这一带的水温也好像越降越低了，不过，只有厚贝壳至死不悔！如果就这样死去，也算得偿所愿了。

普通扇贝

只肯待在日本近海

一天到晚瞎游

高桥扇贝

灭绝时间	第四纪（更新世）
物种分类	双壳类
体形大小	壳长20cm
栖息地	日本、俄罗斯
食物	浮游植物

> 马后炮
>
> 整天待在护甲里，反而害得自己动弹不得，过犹不及啊！

　　事实上，扇贝的壳里面有许多只眼睛，一旦有敌害靠近，它就让贝壳一开一合地游开。但是，其中也有成员并不依靠游泳躲避敌害，而是特化出了"超厚贝壳护甲"。那就是高桥扇贝。厚贝壳固然能够保护它们不容易被敌人吃掉，但由于更新世冰期与间冰期反复交替，水温变化无常，沉重的壳又妨碍了它们向温度适宜的地方转移，所以只能灭亡了。

前寒武纪	古生代						中生代			新生代		
	寒武纪	奥陶纪	志留纪	泥盆纪	石炭纪	二叠纪	三叠纪	侏罗纪	白垩纪	古近纪	新近纪	第四纪

再也无家可归

唉——这可怎么办呀！又冷又饿，倒霉透顶！那帮家伙真叫人火大啊……**凭啥俺就非得被撵出来不可啊！凭啥啊！**

俺们从几十万年以前开始就世世代代居住在洞穴里了，凭啥啊！才出现没几年，居然就敢无耻地霸占俺的家……

自打那尼安德特人消失不见了以后，一切的一切就都不对劲了。在那之前，人类和熊可是分享洞

灭绝

智人惹不起
↓

洞熊

穴的。好传统咋能说没就没啦？

那帮智人、那帮家伙……一把尼安德特人灭掉，就立马撵俺走，说啥**"这个洞穴如今是我们的了，请你出去"**。凭啥啊！你们这帮家伙就不觉得自个儿贪得无厌、厚颜无耻到极点了吗？！

啊——这鬼天气真叫冷死个熊啊——怎么办呢……俺又不会给自个儿挖个洞穴，没那本事，只好去找找看哪里有没有现成的空洞穴喽！

灭绝时间	2万4000年前
物种分类	哺乳类
体形大小	体长2.5m
栖息地	欧洲
食物	杂食

马后炮

要是自个儿有本事亲手筑造自个儿的家，就用不着流浪在外啦！

为了让体温逃逸得慢点，实现了大型化

洞熊是曾经在冰河时期繁衍生息的熊，体形比今天的棕熊更大。另外，棕熊是亲自动手挖掘巢穴，洞熊则使用天然形成的洞穴。我们的祖先、智人于5万年前进入欧洲后，便开始抢夺洞熊的洞穴居住，遭到驱赶的洞熊熬不过严寒的考验，最终灭绝。

前寒武纪	古生代						中生代			新生代		
	寒武纪	奥陶纪	志留纪	泥盆纪	石炭纪	二叠纪	三叠纪	侏罗纪	白垩纪	古近纪	新近纪	第四纪

87

感染传染病，灭绝

没一天好日子

还要被人类追着猎杀

食物也减少了

汪汪汪汪

哥伦比亚
猛犸象

真受不了，又开始一通狂吠……狗这东西难道就天生爱狂吠吗？**再这样狂吠下去，该把人类给招来了，快闭嘴！** 喂！

在这之前，我们可是随心所欲、自由自在地生活了将近100万年啊！可自从人类来到北美洲，我是一天到晚忙着逃跑，跑得昏天黑地。没想到狗还一天到晚跟踪，甩都甩不掉，**这压力压得我都快得秃毛症啦！**

我本来就毛发稀疏…… 长毛猛犸象它们真好，真让人羡慕啊！同样都是猛犸象，就因为住在寒冷的地方，它们的毛发又厚又密。

而且，最近我的身体也不大舒服……关节嘎吱嘎吱响不说，我甚至觉得腿骨都慢慢变形了，走路也越来越困难了。

唉——自从狗来了以后，我就没过过一天好日子！ 早知道是这样，从一开始就不该让他们靠近……！

灭绝时间	第四纪（更新世末期）
物种分类	哺乳类
体形大小	肩高 4m
栖息地	北美洲
食物	草

马后炮

什么人类，什么狗，凡是来路不明的，就不该跟他们产生瓜葛。

哥伦比亚猛犸象是在温暖的北美洲南部繁衍生息的猛犸象，体形大小比非洲象还要稍微大一些，獠牙的长度最长达到5m。有说法认为它们的灭绝原因在于感染了传染病。长达1万数千年的冰期结束后，跟着人类一同移居到北美洲的狗等家畜把疾病传染给了哥伦比亚猛犸象，导致它们腿骨变形，结果在短时间内灭绝。

前寒武纪	古生代						中生代			新生代		
	寒武纪	奥陶纪	志留纪	泥盆纪	石炭纪	二叠纪	三叠纪	侏罗纪	白垩纪	古近纪	新近纪	第四纪

草原再相逢

演唱：砂犷兽 & 马　作词：草根娜娜　作曲：道退权三　播放 6.3 万次 · 点赞 4223 次

（男）	名叫砂犷兽 可是我不狂野 伸出长长的手臂 我只吃树叶	（男）	大地干旱 树木难生长 森林消失 步步推进的是草原
（女）	我是家畜 名字叫马 磨碎青草 我靠坚固的槽牙	（女）	你独钟情于树叶 终生不愿再转换 我改吃青青绿草 换来生机长又长
（合）	永远不可能相交 我们俩的视线 命运已将我俩拆散 一个灭绝一个生存	（合）	我们俩的双脚 终究踏上不同路途 何方通途 何方末路 心底完全没数
（男）	它们说 南极越来越冷 天寒地冻	（男）	我留在森林 走向灭绝末路
（女）	苍茫大地银妆素裹 冰雪积起再不消融	（女）	我出走草原 迎来幸存通途
（男）	大气的水分被夺走 空气变干燥	（男）	我僵卧路旁
（女）	地球整体日益干旱 叫人心烦躁	（女）	我回首凝望
（合）	我们俩的双手　对于这一切无力挽救 空气干燥 恋慕之心干涸 无药可救	（合）	我们俩的双眼 此刻终于深情对望

4 在现代灭绝

～ 人类出现，步步陷阱

从大约1万年前开始，名叫『人类』的生物眼看着越来越繁荣昌盛。他们肆意改变地球的环境，随心所欲、无所顾忌。

样啊　哦　嗯嗯嗯嗯　原来如此

我是地球。

从大约1万年前起，有一种稍微有点奇怪的生物开始脱颖而出，变得醒目。**这就是"人类"。**在这之前，伴随着我的环境变化，众多生物不是繁盛就是灭亡，没有别的出路；**只有人类，为了方便他们自己居住，他们亲自动手改造环境。**

当然，在他们出现之前，也有生物纷纷尝试改变我的环境；可是，它们跟人类的速度不可同日而语。人类把山挖平，把沼泽填平，建造只供他们自己安居乐业的城市。

经人类改造过的地方，

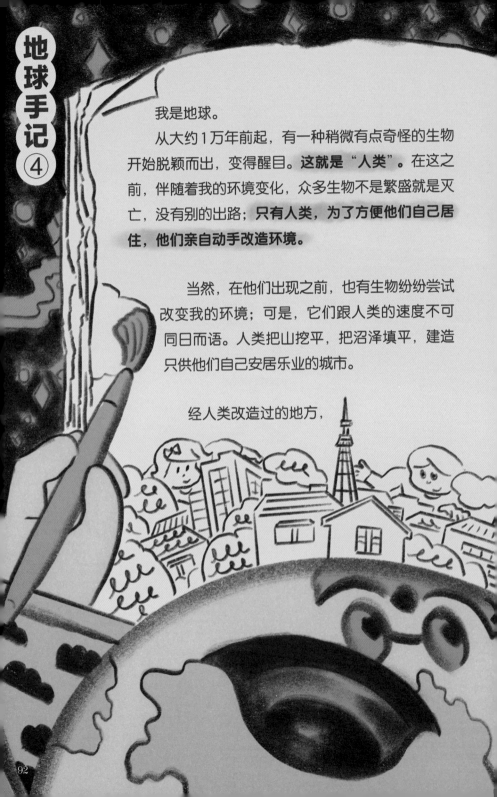

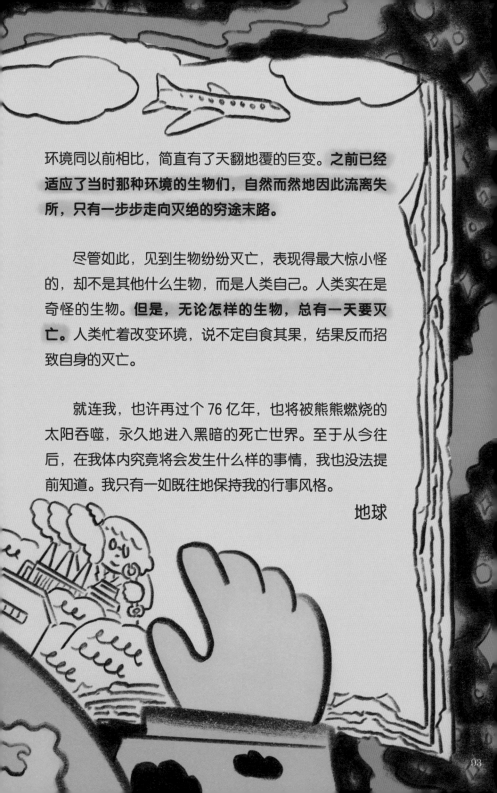

环境同以前相比，简直有了天翻地覆的巨变。**之前已经适应了当时那种环境的生物们，自然而然地因此流离失所，只有一步步走向灭绝的穷途末路。**

　　尽管如此，见到生物纷纷灭亡，表现得最大惊小怪的，却不是其他什么生物，而是人类自己。人类实在是奇怪的生物。**但是，无论怎样的生物，总有一天要灭亡。**人类忙着改变环境，说不定自食其果，结果反而招致自身的灭亡。

　　就连我，也许再过个 76 亿年，也将被熊熊燃烧的太阳吞噬，永久地进入黑暗的死亡世界。至于从今往后，在我体内究竟将会发生什么样的事情，我也没法提前知道。我只有一如既往地保持我的行事风格。

地球

斑纹消褪，灭绝

斑驴

天啊……谁能想到竟然会被人类追杀啊！

说来也怪俺，梦想着过什么和平宁静的生活，真是大错特错。俺原先可是住在赤道附近的"采采蝇带"的，那里可是俺的老家。**就是会传染那种疑难疾病的采采蝇乌泱泱地出没的那个恐怖地方啦。**

可俺当时并没有挪窝，因为俺身上的斑纹是俺的护身符。**那帮家伙，只要一看到俺身上的斑纹，就吓**

← 生活得悠闲自在的牛

破了胆，不敢靠近。

尽管日子平平安安，有一天俺却突发奇想："去一个没有苍蝇的地方生活也不错啊！"结果落得这个鬼下场。**对人类来说没有苍蝇的地方也特别宜居。**人类尝到甜头，一拨接一拨地到来，结果俺悲惨地遭到围追堵截。

你劝俺回到原先待的地方？不行啊。等回过味来，俺发现身体上的斑纹已经消褪了一半，回不去了啊！

马后炮

和平宁静的地方，也是容易遭受侵略的地方。要是能早点明白就好啦！

被追着逃到悬崖边

灭绝时间	1883 年
物种分类	哺乳类
体形大小	肩高 135cm
栖息地	非洲南部
食物	草

斑驴是斑纹消褪掉一半的平原斑马的亚种。有说法认为，斑马的斑纹可以防止传播昏睡病的采采蝇吸血。在热带繁衍生息的采采蝇，不知道为什么，特别讨厌斑纹。也许正是这个原因，迁居到没有采采蝇的凉爽地区的斑驴，身上的斑纹因为不再有必要而逐渐褪色。但是，这样的地区同样适宜人类居住，人类移民一增加，斑驴便接连遭到猎杀。

前寒武纪	古生代						中生代			新生代		
	寒武纪	奥陶纪	志留纪	泥盆纪	石炭纪	二叠纪	三叠纪	侏罗纪	白垩纪	古近纪	新近纪	第四纪

失去产卵沙地，灭绝

我还上了吉尼斯纪录

落基山岩蝗

呀——！别推我嘛——！好痛！都说别推我了，真是的！

喂，让让、让让！我急死了、急死了！什么事这么急？产卵啊、产卵！**不快点赶过去，方便产卵的河滩沙地就要被其他种类的雌蝗虫给霸占啦！**

我说你呀，还真别瞧不起这场争夺战！我们族群拥有超过 12 兆只的蝗虫，当成群结队出现的时候，队伍长度达到 2900km，宽度达到 180km。**不要小看眼前这支队伍，这就是一支足以把日本列岛覆盖得严严实实的蝗虫大军哟……！**

况且最近人类数量增加，可供产卵的河滩沙地已经在减少啦！那些家伙虽然在帮我们种植食物，可是，**就算把卵产在田里，弄不好也会遭到破坏，因为他们会肆无忌惮地耕翻，真叫人火冒三丈！**

好了，我得走了！好痛！警告过你多少遍了，别再推我，你个不知好歹的家伙！

灭绝时间	1902 年
物种分类	昆虫类
体形大小	体长 3cm
栖息地	北美洲
食物	叶子、树皮

马后炮

只怪集体行动太嚣张啦！应该更加谦虚谨慎、小心翼翼地活着才是。

美国政府也积极地驱除我们

作为集结过史上最大群体的动物被记录在案的，就是落基山岩蝗。它们的数量之多远远超过旅行鸽。1874 年发现了一个据估算有 12.5 兆只的种群，然而短短 28 年后，它们便灭绝了。有人认为，原因之一是它们的产卵地遭到破坏。它们习惯在那里产卵的河滩沙被迅速改造成农地，导致它们无法产卵和孵化，于是灭绝。

前寒武纪	古生代						中生代			新生代		
	寒武纪	奥陶纪	志留纪	泥盆纪	石炭纪	二叠纪	三叠纪	侏罗纪	白垩纪	古近纪	新近纪	第四纪

遭遇火灾，灭绝

石南鸡

雄性求偶时会鼓起橙色的气囊

来找母鸡和蛋的公鸡

可怜的石南鸡

T.C.丘比特[①]

很久很久以前，在美国的森林里，生活着一种叫作"石南鸡"的、爱吃橡实的鸟。

石南鸡虽然是鸟，但它们却不爱飞翔，还把蛋产在树下。人类见到它们这样，不禁大喜过望，欢呼道："这下肉和蛋要多少有多少啦！"于是，他们把整个美国的石南鸡和它们的蛋一网打尽。

也有少量石南鸡逃过一劫，因为它们生活在一座小岛上。然而有一天，森林突然着火，石南鸡母亲并没有逃跑，它们决心守护自己的蛋。所以，许多母鸡和它们的蛋一起被烧死在了森林里。

祸不单行，一股猛烈的寒流紧接着袭击了石南鸡。因此，它们又被冻死一批。从这时起，人类才开始尝试救助所剩无几的石南鸡。

但是几年后，石南鸡被家鸡传染了疾病，到底还是令人遗憾地灭绝了。

[①] 石南鸡的学名为 *Tympanuchus cupido cupido*。——译者注

灭绝时间	1932 年
物种分类	鸟类
体形大小	全长 43cm
栖息地	美国
食物	橡实、草

马后炮

当察觉到「危险」的时候，再去做什么都晚了，再也没法补救了。

曾经在美国东北部繁衍生息的石南鸡，是草原松鸡的亚种。石南鸡遭到来自英国移民的猎捕，于 1870 年从美国本土消失，仅存 77 只生活在玛莎葡萄园岛上。不料，1916 年，它们接连遭遇森林火灾和大寒潮，数量骤减。再加上反复的近亲繁殖，使石南鸡对于疾病的抵抗力减弱，最终，因为被家鸡传染了疾病而灭绝。

古生代						中生代			新生代		
寒武纪	奥陶纪	志留纪	泥盆纪	石炭纪	二叠纪	三叠纪	侏罗纪	白垩纪	古近纪	新近纪	第四纪

前寒武纪

99

不飞改走路，灭绝

大家好！我是此次短尾蝠沙龙的主持人——大短尾。

最近，我听到大量意见，表示："能在天空飞翔的话，该有多轻松惬意啊。"**这种想法，在我大短尾个人看来，认为它是没有前瞻性的。**首先，在天空飞翔是相当耗费能量的。可惜有太多人并不明白这一点。

我大短尾正是因为明白了这一点，才放弃了在天空飞翔的习性。我偏要改在地面行走。今后的时代是

悄悄逼近的褐家鼠的影子

大短尾蝠

行走的时代。虽然蝙蝠是哺乳类中唯一一个获得飞行能力的物种，可我偏偏就要放弃。**这就叫"演化2.0"。**

请大家都好好想一想。想要飞行，需要让身体保持轻盈，对吧？可是这座岛上并没有敌害。既然这样，待在地面上让体形增大，不是更聪明、更明智吗？

让我们从飞翔的旧习性中解放出来吧！尽情地吃，尽情地胖起来！这才是正确答案。

马后炮

谁能想到褐家鼠居然会跟到岛上来！看来预测潮流不是一般的困难啊！

灭绝时间	1965 年
物种分类	哺乳类
体形大小	体长9cm
栖息地	新西兰
食物	果实、昆虫

鼻孔向外突出

新西兰原有的陆栖哺乳类仅仅只有3种蝙蝠。后来，短尾蝠和大短尾蝠在敌害不多的环境中生活期间，渐渐地不再飞翔。然而，在人类来岛后，它们开始遭到跟随而来的褐家鼠的攻击。身体轻盈的短尾蝠依靠飞行逃离，体形太大的大短尾蝠起飞需要太长的时间，结果被猎杀殆尽。

前寒武纪	古生代						中生代			新生代		
	寒武纪	奥陶纪	志留纪	泥盆纪	石炭纪	二叠纪	三叠纪	侏罗纪	白垩纪	古近纪	新近纪	第四纪

恐鸟消失，灭绝

哈斯特巨鹰

过去真是好啊！你问我哪里好，哪里都好。因为我**曾经是新西兰最强大的生物！**没错，千真万确！因为陆地上的哺乳类就只有蝙蝠。在很长时间里，这里就是鸟类的天堂。那个时候真是好啊！

再加上恐鸟满地都是……什么？**你居然不知道恐鸟？**开玩笑——这时代真是……**恐鸟吧，就是在陆地上行走的、长得很像鸵鸟的鸟。**不过有的长得比鸵鸟还大哦！我过去也经常捉那种大鸟来吃——想想吃得还真挺多的啊！

没想到自从人类来到岛上以后……恐鸟就不见了！最近压根儿连一只影子都没瞧见。这都是因为滥捕滥杀！我没恐鸟吃就活不下去啊！现在才叫我吃什么小鸟，没法吃啊！不得不感叹：好怀念过去的美好时光啊！

那个时候真是好啊……

恐鸟 →

马后炮

不该紧紧抱住过去的荣光不放，对于生存方式，就该随时改进！

灭绝时间	约 16 世纪
物种分类	鸟类
体形大小	身长 1.4m（雌）
栖息地	新西兰
食物	大型鸟类

　　哈斯特巨鹰是史上最大的老鹰，翼展宽达 3m，但同身体大小相比，它的翅膀还算是短小的。短小的翅膀方便拐小弯，飞行时应该可以在树木中间钻来钻去。还有它的爪和喙（huì），前端都是尖锐且弯曲的，可见它无疑属于强有力的捕食者。作为新西兰最大的捕食者，它们攻击的对象似乎是不会飞的大型鸟类，即恐鸟及其同伴，在恐鸟遭到人类捕杀，数量减少后，哈斯特巨鹰便在饥饿中灭绝了。

前寒武纪	古生代						中生代			新生代		
	寒武纪	奥陶纪	志留纪	泥盆纪	石炭纪	二叠纪	三叠纪	侏罗纪	白垩纪	古近纪	新近纪	第四纪

被人类投放红点鲑，灭绝

鳉 咦？您这张脸我还是头一回见呢……

鲑 啊，你好啊！我是**昨天搬到湖里来**的红点鲑的亲戚。

鳉 哎呀，是这样啊——**我也住在同样水深的地方**，还请多多关照！那么，请问你是从哪里搬来的呢？

鲑 美国。

鳉 美国看样子真不错啊。所以你才养得这么魁梧吗？**你起码有我 3 倍大呢**。

鲑 啊，可是这里很宽敞，水又凉，很适合生活。我喜

居氏山鳉

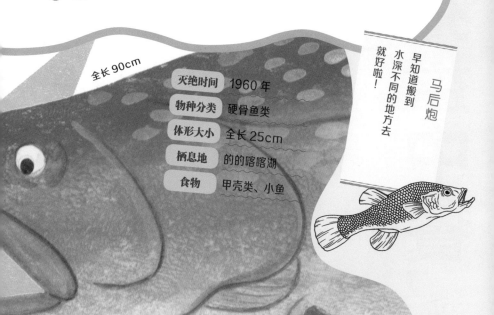

欢上这里啦！

🐟 是吗？……那么，你怎么会来这个地方呢？

🐟 这个嘛，可以说是人类出于某种目的带我来的吧。

🐟 你也不容易啊！赶紧吃点东西，好振作振作精神。

🐟 你说得对！我想起来了，**听说这湖里有一种叫作"居氏山鳉"的鱼很好吃。**

🐟 呃？

🐟 呃？

全长90cm

早知道搬到
水深不同的地方去
就好啦！

马后炮

灭绝时间	1960 年
物种分类	硬骨鱼类
体形大小	全长 25cm
栖息地	的的喀喀湖
食物	甲壳类、小鱼

位于安第斯山脉的的的喀喀湖，被认为是形成于中新世的古代湖泊。湖里有许多特有物种，其中散发着金黄色泽的居氏山鳉尤其出名。然而，从 1937 年起，大概是考虑到给当地人食用，美国政府往的的喀喀湖里投放了红点鲑的近亲——湖红点鲑，以及虹鳟、牙汉鱼等，导致居氏山鳉在同它们的竞争中失败；又经过大约 20 年后，居氏山鳉灭绝。

前寒武纪	古生代						中生代			新生代		
	寒武纪	奥陶纪	志留纪	泥盆纪	石炭纪	二叠纪	三叠纪	侏罗纪	白垩纪	古近纪	新近纪	第四纪

成为囚犯盘中餐，灭绝

你知道吗？为什么蜥蜴或者叫"石龙子"，会从这座岛上一只接一只地消失？

说到底，这座岛原本是一座无人岛。**正因为没有敌害，所以我的身体才能够长这么大！** 不承想 1833 年发生了一起非常事件。**某个国家的政府把 30 名囚犯送上了岛。** 就是那所谓的"流放到孤岛"。

话说那些囚犯，身上一样东西也没带，肚子当然

脂肪被用作创伤药

背上的鳞片滑溜溜

佛得角巨型石龙子

也饿扁了。那么怎么办？总要想办法，对吧？所以，当然是看到动物就想着吃进肚子里喽！**哪怕在他们面前的是石龙子……唉！**

　　就是这样。至于说囚犯是怎样一些家伙……就是此时此刻在我面前流露出一副很想要、很渴望的嘴脸的家伙啊！我懂。我懂得很。**他们的脸上写着呢："这东西能不能吃啊？"**

　　唔，信不信由你……不过你能不能帮帮我？

灭绝时间	1940 年
物种分类	爬行类
体形大小	全长 60cm
栖息地	佛得角群岛
食物	植物的种子、海鸟的蛋

马后炮

怪只怪知道太多秘密了。早知道在沙子里挖个坑，把自己藏起来就好了。

　　佛得角群岛位于西非海面上，其中只有布兰科岛和拉苏岛上曾经栖息着佛得角巨型石龙子。和附近岛屿上的滑蜥属相比，佛得角巨型石龙子的全长之所以是它们的 2 倍，恐怕是因为它们在没有敌害的环境下实现了大型化的缘故。然而 1833 年，这些岛屿成为流放地，被流放的犯人不仅捕食这种大型的蜥蜴，还肆意毁坏森林，于是它们也就灭绝了。

	古生代						中生代			新生代		
前寒武纪	寒武纪	奥陶纪	志留纪	泥盆纪	石炭纪	二叠纪	三叠纪	侏罗纪	白垩纪	古近纪	新近纪	第四纪

拉尼娜来了，灭绝

金扁蟾

Ⓐ ……还没好吗?

Ⓑ **说是最末尾还得等 7 小时。**

Ⓒ 真的假的? 果然还是应该待在土里面不出来啊!

Ⓑ 可是，**让雌性金扁蟾给咱们产卵的机会，一年就只有这么一次。**

Ⓒ 咳，再说这也是咱们能跟雌性金扁蟾接触的为数不多的机会。

Ⓐ 话说回来，**你们不觉得冷吗?**

Ⓑ 我身体冻得有点发僵了。

Ⓒ 真是的，水洼啥时候对我们开放啊! 喂，赶快营业啦!

Ⓑ 说起来，**今年可供产卵的水洼好像少得厉害。**

Ⓐ 真的假的?

Ⓒ 这件事我也听说了。说是受什么叫作"**拉尼娜**"的现象的影响。

Ⓑ 说是拜它所赐，温暖湿润的空气流到西边去了，导致咱们这边巨冷，**还一滴雨也不下。**

Ⓐ 哦，对咱们金扁蟾来说，这不就相当要命了吗?

Ⓒ 这就不是生儿育女这个层面的问题了!

Ⓑ 唉——不过……一年也就这么一回。

Ⓒ ……继续等吧!

雄性全身呈金黄色

雌性身上有斑纹

灭绝时间	1989 年
物种分类	两栖类
体形大小	全长 5cm
栖息地	哥斯达黎加中部海拔 1590m 附近
食物	昆虫及蚯蚓

马后炮

要是把生活范围再拓宽一点，避免受天气左右就好了。

　　金扁蟾是雄性全身金黄色的小型蟾蜍。它们平时钻进土里摄食蚯蚓等小生物，似乎只在交配季节出现在地面上。1988 年与 1989 年出现"拉尼娜"这一异常气象，结果导致它们的栖息地变得既寒冷又干旱，甚至不再降雨，使它们失去了作为产卵地的水洼，于是金扁蟾一下子灭绝了。

前寒武纪	古生代						中生代			新生代		
	寒武纪	奥陶纪	志留纪	泥盆纪	石炭纪	二叠纪	三叠纪	侏罗纪	白垩纪	古近纪	新近纪	第四纪

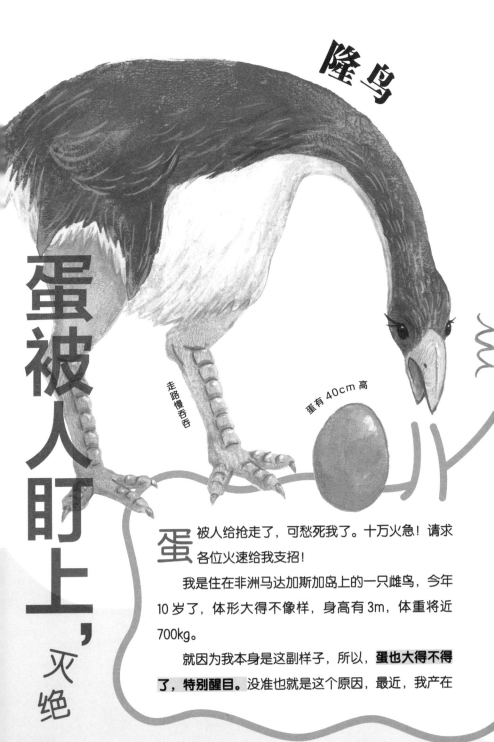

隆鸟

蛋被人盯上，灭绝

走路慢吞吞

蛋有 40cm 高

蛋 被人给抢走了，可愁死我了。十万火急！请求各位火速给我支招！

我是住在非洲马达加斯加岛上的一只雌鸟，今年10岁了，体形大得不像样，身高有3m，体重将近700kg。

就因为我本身是这副样子，所以，**蛋也大得不得了，特别醒目。**没准也就是这个原因，最近，我产在沙地上的蛋一个一个地全被偷走了。

那些个小偷我心知肚明。就是人类。前些天碰巧被我看到了，**这些人类，他们不但偷蛋去吃，还往蛋壳里装水，拿它当水壶用。**吓得我瑟瑟发抖……

到底怎样才能让他们收手呢？

补充

也有热心人回馈意见说"不应该把蛋产在地面上"，但是，**如果蛋不在沙地上晒太阳，是没法孵化的。**

马后炮

说得没错，宝贵的蛋还是得亲自给它温暖的呵护啊！

灭绝时间	16 世纪
物种分类	鸟类
体形大小	立高 3m
栖息地	马达加斯加
食物	草及果实

跟家鸡的差别竟然这么大！

隆鸟是体重最重的鸟类，蛋的尺寸也最大。有一种说法认为，它们不是抱蛋而窝，给蛋加温，而是把蛋产在沙地上依靠太阳的热量来孵化它。也许是因为蛋又大又硬，它们不曾担心被其他生物给盯上。但是，当人类渡海前来，发现隆鸟的蛋后就把它当作了食材，还把蛋壳用作了容器。繁殖能力原本就低下的隆鸟好像因此就灭绝了。

全球变暖，灭绝

珊瑚裸尾鼠

荆棘礁

HELP!

今天风和日丽，热烈欢迎大家前来观光旅游！

正如您各位所看到的，这座岛并不大，面积和日本的甲子园①**球场差不多。**可是您各位请看，蔚蓝的大海一望无际，海天一色！附近更是有绚丽多彩的天然珊瑚礁。这样跟您各位说吧，这座岛本身就是由珊瑚礁构成的。

岛上的著名特产是一种叫作"马齿苋（xiàn）"的草。水烧开，焯一焯，黏黏糯糯，非常可口。对了，**每逢初夏时节，海龟妈妈们常常来到岛上产卵，场面蔚为壮观。**海龟卵也是十分美味可口。

最近，地球气候变暖，南极和北极周边的冰雪开始融化，海平面也随之上升。**这些原因导致我们没法在海边获取食材。这样跟您各位说吧，这座岛本身眼看着就要沉没了。**我们可以说是名副其实的"在悬崖边经营"，再往前一步就是名副其实的万丈深渊。大海围绕在身边的感觉倒是真真切切，呵呵！就请您各位尽情享受这惬意的时光吧！

---

① 甲子园是日本的著名棒球场，总占地面积 39,600 平方米，可容纳 50,454 人。——译者注

马后炮

应该考虑挪挪窝，转移到别的岛上去继续生活……？

灭绝时间	2016 年
物种分类	哺乳类
体形大小	体长 15cm
栖息地	澳大利亚的荆棘礁
食物	植物的种子、海龟卵

珊瑚裸尾鼠只在荆棘礁繁衍生息，是老鼠的近亲。这座岛的面积仅仅只有 3 万6200 平方米，最高的地方海拔也只有 3m。受到近年来因全球变暖导致海平面上升的影响，海岛的面积日渐缩小。本来就是一座小岛，上面顶多栖息着几百只珊瑚裸尾鼠，所以随着海岛进一步变小，植物进一步减少，它们也就灭绝了。

前寒武纪	古生代						中生代			新生代		
	寒武纪	奥陶纪	志留纪	泥盆纪	石炭纪	二叠纪	三叠纪	侏罗纪	白垩纪	古近纪	新近纪	第四纪

113

专挑贝类吃，灭绝

把贴在岩石上的贝类剥下来吃

拉布拉多鸭

听说拉布拉多鸭的肉不好吃

🖤 哈啰，艾玛！看你的泳姿整个儿就是一纽约客啊！喔——♪

🖤 快别开我玩笑了，伊森！这时候我可没这心情！

🖤 怎么，有事儿？

🖤 你看看那家店的海报吧！

🖤 ……我来瞧瞧——"蛤蜊（gé lí）浓汤尝鲜季"？哇噢！看起来相当美味嘛！

🖤 伊森，都什么时候了，还贫！你再仔细看看那张海报！

🖤 ……什么？双壳贝？食材居然是双壳贝？！

🖤 你从上面还能读出什么？

🖤 艾玛，这下算是噩梦降临了！**双壳贝可是我们的主食，不是吗？！**

🖤 伊森，冷静、冷静。

🖤 我们可是吃着不受鸟类欢迎的贝壳勉勉强强活到现在的！

🖤 冷静、冷静下来，伊森！求你了。看着我的眼睛。

🖤 艾玛，很抱歉，我失态了。

🖤 没关系……喂，一起去吃贝类吧？

🖤 啊啊！绝对不能让他们抢去炖什么浓汤！

灭绝时间	1878 年
物种分类	鸟类
体形大小	全长 50cm
栖息地	北美洲东海岸
食物	贝类、甲壳类

马后炮
要是当初果断放弃难吃得要命的贝类，改吃海藻就好啦！呼——

拉布拉多鸭是生活在纽约附近海边的海鸭，主要以贝类为食。对鸟来说，剥开贝类比较困难，直接吞食又会使体重增加，导致飞行困难，所以很少有鸟类摄食贝类。拉布拉多鸭演化出了把贝类连壳吞进去后，再利用砂囊把贝壳磨碎的能力，但它们的个体数量并不多，因此，在栖息地朝大城市发展的过程中，它们的食物减少，栖息地缩小，最终灭绝。

| | 古生代 | | | | | | 中生代 | | | 新生代 | | |
|前寒武纪|寒武纪|奥陶纪|志留纪|泥盆纪|石炭纪|二叠纪|三叠纪|侏罗纪|白垩纪|古近纪|新近纪|第四纪|

人类专访①

追溯生物灭绝的原因，我们可以发现，其中人类的存在本身即是原因的案例，似乎并不少见。尽管同样身为地球大家庭的一员，人类的活动却威胁到了其他生物的生存。人类这种生物，难道竟然是这样的愚蠢，而且罪孽深重吗？但是，在我们向形形色色的人类询问缘由的过程中，我们听到了各种不同的声音。

（采访者：灭绝新闻特别调查部）

请问，为什么要让它们灭绝呢？

还用说?
当然是为了生存嘞!

肚子饿了当然要打猎嘞。不吃会死的嘞。哪种生物好捉就想专门盯着那种捉,这是人之常情嘞。这么简单的道理人人都懂嘞。再问我还是这几句嘞。

就是在地球上冒了回险!

头一回乘船抵达一座岛的时候,发现有的生物从来没见过,可不就一门心思想要搞到手吗?还有,只要有动物可以储存起来留着慢慢吃,就会捉过来装到船上去。还有,为了确保下回来的时候有东西可吃,放几头猪或者山羊在岛上也很要紧哪!

本以为是好事……

有些害虫会害得蔬菜水果没有好收成,所以就引入了害虫的天敌,想要消灭这些害虫,没想到连带着害别的生物灭绝了。老天爷的心思叫人很难猜得透啊……

为了生活过得富足吧。

我们人类填平池塘沼泽、砍伐森林、削平山峦,是为了开辟农地、修建道路、规划城市。我也明白,必须保护大自然。但是,为了生活过得便利一些,做出某些事情也是实在没办法吧?

让我们来听一听
赞成派／
反对派的
不同看法吧!
next page ☞

生存竞争就是这样，没办法。

如果因为其他生物的出现就灭绝了，这么脆弱的生物，大概早晚也是要绝种的吧。再说了，生存竞争本来就是所有生物全体参与的。

牛和猪，同蔬菜有什么两样？

无论是人，还是别的生物，不杀生就活不下去，对吧？一边习以为常地剥夺不计其数的生命，一边却针对跟自己没有直接关系的生物，说什么"它们的数量本来就少，还不停止杀害的话，它们就太可怜了"之类的话，这就叫自欺欺人，没错吧？

几种绝种了，那又有什么问题呢？为那种东西花钱，简直荒唐透顶。与其花大笔的钱去拯救濒临灭绝的青蛙，还不如给忍饥挨饿的儿童提供食物，那样难道不是更好吗？

嗯——他们表达了这样的观点，这当真是人类的心声吗？？

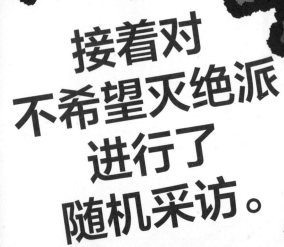

人类专访❸

生物具有∞
（无穷大）
的可能性！

眼虫藻

我们人类把眼虫藻用于研制健康食品，还拿来做电动车的燃料，又从水鳖（biē）子的血液里提取有关成分用来制造新药，可见，某些出人意料的生物对人类具有令人意想不到的作用。将来也许还会有全新的发现。所以，多种生物的存在对我们人类是非常重要的。

接着对
不希望灭绝派
进行了
随机采访。

我讨厌再也见不到！

一想到再也见不到那种生物活着的样子，就让人觉得冷清得要命。只要它们还在地球的哪个角落活着，总有一天还有机会去看看它们，对吧？也许你要说这说明了人类的自私自利，可难道这种心理就这么要不得吗？

最终寸步难行的会是我们自己。

人类之所以能够演化成如今的模样，正是因为有了以往那样的自然环境。所以，在脱离开原先的自然环境的环境中生活，终归是不自然的；还有可能发生无法预料的问题。我认为，保护我们一路演化所经历的环境，以及和我们共同生存的生物们，具有极其重要的意义。

什么想法是正确的，什么想法又是错误的？世界似乎远比我们想象的更加复杂。那么，你又持哪种观点呢？

人类造成的灭绝没有『下一次』。

虽然我不是人类，但请容许我说几句心里话。由于人类改变环境而发生的灭绝事件，并不会催生新物种的演化。因为，所谓人工环境，是仅仅适宜一部分生物栖息的环境。假如一如既往地继续改变地球的环境，那么，地球或许将成为仅仅只有家畜与农作物，外加害虫之类生存的一颗星球。

My Lovely SHUGUO ROMANCE

演唱：Vegetables　作词：肉鱼儿　作曲：照井 P　　播放 7.9 万次 · 点赞 5001 次

SHUGUO SHUGUO 美味的 SHUGUO
SHUGUO SHUGUO 百变的 SHUGUO

芽变大是卷心菜 叶子变大是羽衣甘蓝
花变老大 是花菜 还有花茎甘蓝

变变变 不停变 只要你希望
我们随你心愿变变变
人类用手嫁嫁接接 诞生全新一个我
我们是 SHUGUO 美味的 SHUGUO

西红柿减酸更甘甜
大西瓜去籽更方便
平凡小花菜 改良成宝塔 还改姓了罗马!

常常想起 过去的你 冷漠无比
对我们不屑一顾 只因模样不称你心意
为博你青睐 毒汁硬叶子 我们统统抛弃
我们是 SHUGUO 美味的 SHUGUO

更甜更大更柔嫩 我们随你心愿变
变变变 不停变 只要你欢喜

你尽情饱餐 我们心花怒放
你身心舒畅 对我朝夕不能忘
SHUGUO 的基因
有了你喜欢 从此永流传

5

险些灭绝，逃过一劫

～侥幸存活，仍须步步留神

在严酷的地球环境下，想要幸存必须费尽九牛二虎之力。但是，相比之下更加困难的，也许是继续存活下去。只能是勉勉强强地过好每一天。

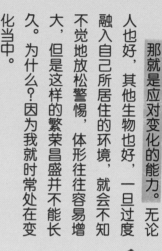

那就是应对变化的能力。无论人也好，其他生物也好，一旦过度融入自己所居住的环境，就会不知不觉地放松警惕，体形往往容易增大，但是这样的繁荣昌盛并不能长久。为什么？因为我就时常处在变化当中。

另外，在谁也不乐意居住的环境中生存，也是一种办法。酷热难耐、严寒难熬、食物稀少、氧气稀薄……因为这样的环境不大可能存在多少天敌，如果你能够在那里生存下来，也许你就可以悠闲自在、从容不迫地享受长寿的滋味。

地球

地球··你好！

我绝对不愿就这样灭绝，有没有什么方法能让我逃过一劫？请一定教教我！

P. N. 顽强活着的女孩（笔名）

顽强活着的女孩··

你好！非常感谢你能想到给我写信！

不过，我感到很抱歉，因为就连我也不知道有什么方法是切实可行的。

但是，如果问重要的素质，我倒是可以告诉你其中的一项。

125

嘴巴变吸盘，幸存

美味啊！**从辛勤劳动的鱼身上抢夺来的营养，味道就是赞！**

这世上，说什么弱肉强食，什么唯有变才是硬道理，说得理直气壮、振振有词。**你看俺，打从 4 亿年以前起就不怎么演化，不也熬过重重灾难存活下来了吗？** 不好意思哦，得了便宜还卖乖！

这么说吧，就因为太死心眼，一心想着要去战胜它，才会进死胡同啊。俺呢，有自知之明，知道自己弱小，身体结构原始，没有下巴，连条小鱼都撕不碎。

所以就用吸盘一样的嘴巴吸附在其他鱼身上，让它分享肉和血给俺。 只需要彻彻底底地寄生在成功的家伙身上就能活下去。所以不到最后别放弃！……怎么，被俺的话感动了？

怎么说呢——每个人有每个人的生存方式。俺认为，能咬紧牙关拼命干活也不坏。嗯！**虽说俺连颗能咬紧的牙都没有。**

八目鳗

吸附在鱼身上
靠吸它的血活着

虽然也有些八目鳗不选择寄生

物种分类	圆口类
体形大小	体长 13cm ~ 1m
栖息地	北美洲、南美洲、欧亚大陆、澳大利亚等地沿岸至淡水水域
食物	鱼

经验之谈

趁早扔掉奇怪的自尊心，能拿的东西只管先拿着。话糙理不糙。

在被称为鱼的生物当中，最原始的就是八目鳗类。八目鳗全身的骨头都是柔软的软骨，它们甚至没有上下颌，所以无法咬住猎物，只能用圆形的嘴去吸附。它们正是依靠这张嘴去吸附在得到进一步演化的鱼，即硬骨鱼类（骨骼坚硬的鱼）身上，再利用由皮肤变硬后形成的类似于牙齿的东西咬伤它们，吸取硬骨鱼的体液。

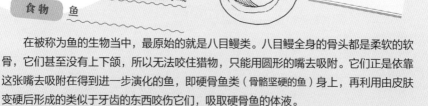

前寒武纪	古生代							中生代			新生代		
	寒武纪	奥陶纪	志留纪	泥盆纪	石炭纪	二叠纪	三叠纪	侏罗纪		白垩纪	古近纪	新近纪	第四纪

脑袋足够小，幸存

我、此时此刻、**正在以飞快的速度狂奔。**……你问为什么?!

没错……前方 3km 处有狮子在走动。我能看得清清楚楚。因为我是大眼睛啊。**我的眼睛有我脑浆的 1.5 倍重。**比高尔夫球还要大！眼睛就是鸟的命根子。所以眼睛比脑袋还重要！嘎！

说错了。不是这样的……对，我是为了逃得离狮子远远的，才没命地一路狂奔。**醒过神来，才发现时**

鸵鸟

速竟然达到了 70km。

　　我能跑这么快，多亏了脑袋足够小。因为脑袋足够小，所以脖子才长得又细又长。简直就是天生的模特。我……我要成为超级模特！

　　……开个小玩笑。**我因为脑袋小，所以全身的肌肉集中到了腿上，实现了有利于奔跑的特化。**……真是的，我怎么还在跑个不停。可是……我要坚持向前进，坚持！

经验之谈

凡事别想太多，
先跑起来再说，
幸运一定伴随你！

第一大眼睛舍我其谁

陆栖动物中的

物种分类	鸟类
体形大小	立高 2.5m
栖息地	非洲
食　物	草

　　鸵鸟是地上奔跑速度最快的动物之一。短距离时速 70km，长距离时速 55km，能够持续奔跑 1 小时。因为让头增大就跑不快，所以牺牲了脑袋的尺寸；又因为把脖子伸长，让眼球特化得异常大，所以远处也能看得一清二楚。另外，翅膀的肌肉少，腿部却肌肉发达。也许正是这种"舍车保帅"式的身体结构，才是鸵鸟能够在生存竞争激烈的非洲草原上，作为唯一的食草鸟类幸存下来的原因吧。

前寒武纪	古生代						中生代			新生代		
	寒武纪	奥陶纪	志留纪	泥盆纪	石炭纪	二叠纪	三叠纪	侏罗纪	白垩纪	古近纪	新近纪	第四纪

不求争第一，幸存

鲨鱼

鲨鱼凶猛残暴的形象令人印象深刻，然而，它本尊却极其坦率地说道：

"我其实并不认为自己是最强大的，从来也没有这样想过。"

在鲨鱼这样说的背后，事实上隐藏着它以往的痛苦经历。

大约 4 亿年前出场的鲨鱼的祖先，实际上一次也没能登上海洋王者的宝座。在泥盆纪，它们败给了邓氏鱼，侏罗纪败给了鱼龙，白垩纪败给了长颈龙和沧龙，霸主的地位从来都跟它们无缘。可见它们确实并不是最强大、最彪悍的。

"就算是现在，老实说，我也认为自己赢不了鲸鱼。"

这样的鲨鱼在战斗中得出了这样一条格言——

到头来，
   把握住生机的才是赢家。

"比我彪悍的生物全部都灭绝了。因为它们体形巨大，必须大量进食，否则就要饿死，所以很难应对环境的变化。我认为，完全没必要四处找大鱼决斗，一定要称王称霸。谁胜谁败无所谓，只要不死就是笑傲沧海。"

而鲨鱼所面临的挑战，决不会因为它的终极领悟而断绝，且听下回分解。

邓氏鱼

沧龙

经验之谈

要问有什么经验，也就是不执着于争抢第一吧！

物种分类	软骨鱼类
体形大小	全长 20cm ~ 14m
栖息地	全球海域
食物	鱼、贝类、贝壳类、哺乳类等

　　鲨鱼家族自从大约 4 亿年前开始便作为捕食者延续至今。但是，几乎没有哪个时代，它们是作为最强捕食者君临海洋的。古生代有盾皮鱼纲和棘鱼纲，中生代有鱼龙、长颈龙及沧龙类，新生代有鲸鱼及海豹，等等，每个年代总有强大的天敌存在，同它们展开竞争。大概正是因为这样，在每个年代，天敌都促使它们演化，最后才使它们幸存下来。

前寒武纪	古生代						中生代			新生代		
	寒武纪	奥陶纪	志留纪	泥盆纪	石炭纪	二叠纪	三叠纪	侏罗纪	白垩纪	古近纪	新近纪	第四纪

被带去了英国，幸存

贝德福德公爵的乌邦寺庄园

麋鹿

嗨！你！跟我在哪儿见过没有？……认错人了？Sorry！算了，相遇就是有缘，难得难得，你就听我讲讲我这波澜起伏的"鹿"生再走呗。

我的祖先被人类驱逐出了栖息地，濒临灭绝，**在中国皇帝的猎苑中苟延残喘。**

这时，出现了一位来传教的法国神父，也就是后来发现大熊猫的那位。**我们被他带去了欧洲，这回进了动物园，在那里繁衍后代，增加了个体数量。**

可是后来，又是洪水又是战争的，我们也跟着遭了殃，很难在动物园继续繁殖，在欧洲和中国的家族成员因此全部灭绝。

你以为故事到此为止了？错！我们被喜爱珍禽异兽的英国贵族当成宠物，在他家院子里延续了生命！又是皇帝又是神父，最后还有贵族，我在这些人手里被折腾来折腾去，命运也算得上多舛（chuǎn）吧！

经验之谈

居然因为人类的好奇心和恶趣味而得救，真是够讽刺的。

物种分类	哺乳类
体形大小	肩高 1.2m
栖息地	中国
食物	水草

麋（mí）鹿是鹿的近亲，在湿地繁衍生息，但是到 1865 年时，就已经只存在于中国皇帝的猎苑里了。是法国的大卫神父发现了它们，并把它们送到了欧洲。然而后来，麋鹿在欧洲和中国全部灭绝。好在英国的贝德福德公爵从动物园购得麋鹿后养在了自家庄园里，麋鹿得以在那里繁殖，奇迹般地避免了灭绝。

前寒武纪	古生代						中生代			新生代		
	寒武纪	奥陶纪	志留纪	泥盆纪	石炭纪	二叠纪	三叠纪	侏罗纪	白垩纪	古近纪	新近纪	第四纪

没嘴没肛门，幸存

管虫

硫化氢有一股臭鸡蛋味

（……能听见吗？……我是……在深海生活的……管虫……此时此刻……我正在……直接对你的心……发出一声声的呼唤……）

（……我身上……没有嘴巴……也没有胃……就连屁股上……也没有……那个孔……因为……我什么东西也不吃……所以统统不需要……）

（……我之所以……能够活着……多亏了待在我体内的细菌……这些细菌……利用海底火山喷出来的……硫化氢……为我制造了很多……很多的营养……）

（……所以……大海……我求求你……把火山喷出来的东西……往我这边……多多地往我这边……冲过来……求你了……快点儿！）

（……啊，烫……烫死啦……快停下……怎么就停不下来啦……都到400℃啦……求求你温和一点……好吗？……要不然的话……我就要变成……香肠啦……我也是……一种动物呀……烫死啦！）

经验之谈

（如果什么都不吃……那么……也就没有……乱动的必要……）

物种分类	多毛类（沙蚕类）
体形大小	管长 10cm ~ 3m
栖息地	全球深海
食物	硫化氢

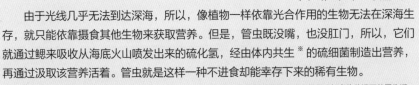

由于光线几乎无法到达深海，所以，像植物一样依靠光合作用的生物无法在深海生存，就只能依靠摄食其他生物来获取营养。但是，管虫既没嘴，也没肛门，所以，它们就通过鳃来吸收从海底火山喷发出来的硫化氢，经由体内共生 ※ 的硫细菌制造出营养，再通过汲取该营养活着。管虫就是这样一种不进食却能幸存下来的稀有生物。

※ 共生：指不同种类的生物在相互不加害的前提下共同生活。

前寒武纪	古生代							中生代		新生代		
	寒武纪	奥陶纪	志留纪	泥盆纪	石炭纪	二叠纪	三叠纪	侏罗纪	白垩纪	古近纪	新近纪	第四纪

被遗忘在岛上，幸存

琉球兔

刺啦刺啦

体毛卷曲

通过给巢穴封盖来保护孩子

母 乖，再见啦！妈妈去吃个饭就回来。**记住，妈妈下次回家是在后天的半夜里哦！**在这之前，你要乖乖待在洞里看家哟！

子 嗯……妈妈，我跟您一起去不行吗？

母 不行啊，孩子。你不是还跑不好嘛！

子 可是……您回到家也总是只待两三分钟就又走了，也不知道到哪儿去了。

母 **万一巢穴的位置暴露了，让敌人知道了，就危险了，对吧？**我这都是为了保护你呀！

子 可是……

母 我再说一遍，我们没有防身的武器。我们之所以能够活下来，**不过是因为祖祖辈辈待的地方碰巧就是一座岛，天敌过不来罢了。**

子 嗯……

母 所以你要乖乖在家待着，直到你长大，知道吗？妈妈要把洞穴给封上啦！

子 ……我知道了，妈妈。

物种分类	哺乳类
体形大小	体长 45cm
栖息地	奄美大岛、德之岛
食物	橡实、草

经验之谈

避开别人的耳目，悄悄地默默地活着，也不是什么坏事。

　　琉球兔是仅仅在日本的鹿儿岛县奄美大岛和德之岛繁衍生息的兔子，体形大小与野兔相差不大，但耳朵长度大约是野兔的三分之一，腿长只有野兔的大约一半，眼睛也小。虽然日本列岛在冰期曾经与大陆毗连，但琉球兔的栖息地始终是一座孤立的大岛，因此，没有新的天敌或敌害上岛，这才使它们得以存活到今天。

前寒武纪	古生代						中生代			新生代		
	寒武纪	奥陶纪	志留纪	泥盆纪	石炭纪	二叠纪	三叠纪	侏罗纪	白垩纪	古近纪	新近纪	第四纪

不依赖眼睛，幸存

来，闭上眼睛，抛开杂念，让你的心平静下来。

在瑜伽的教义中，有一条很重要，那就是"放下"对事物的执念。

我就是遵照这条教义，**远离竞争对手比较多的白昼的世界，改在夜间活动；截断通过眼睛进来的视觉信息，舍弃了用于飞行的翅膀。**

这样一来，你看结果怎么样呢？我通过舍弃鸟类的强项，也就是良好的视力和翅膀，让我的世界变得

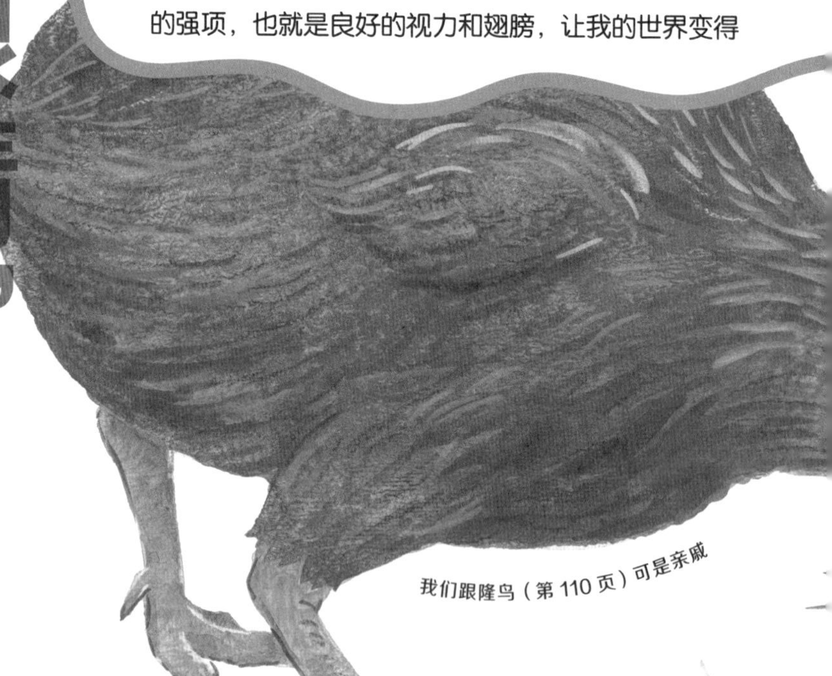

我们跟隆鸟（第 110 页）可是亲戚

几维鸟

138

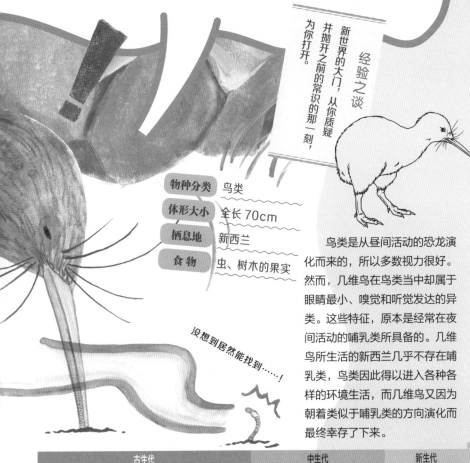

比以前更加丰富多彩了。

即使走在漆黑一片的夜晚的森林里，我也能找到蚯蚓躲藏在哪里。因为有鼻子告诉我。这是嗅觉的力量。我也不会撞到树木或者岩石。因为通过胡须传递来的触感能够告诉我周围事物的位置。这是触觉的力量。

虽然我并没有一件武器，但却最终幸存了下来。来，你也像我一样舍弃多余的东西，迈步踏入"新世界"吧！

经验之谈

新世界的大门，从你质疑并抛开之前的常识的那一刻，为你打开。

物种分类	鸟类
体形大小	全长 70cm
栖息地	新西兰
食物	虫、树木的果实

没想到居然能找到……！

鸟类是从昼间活动的恐龙演化而来的，所以多数视力很好。然而，几维鸟在鸟类当中却属于眼睛最小、嗅觉和听觉发达的异类。这些特征，原本是经常在夜间活动的哺乳类所具备的。几维鸟所生活的新西兰几乎不存在哺乳类，鸟类因此得以进入各种各样的环境生活，而几维鸟又因为朝着类似于哺乳类的方向演化而最终幸存了下来。

前寒武纪	古生代						中生代			新生代		
	寒武纪	奥陶纪	志留纪	泥盆纪	石炭纪	二叠纪	三叠纪	侏罗纪	白垩纪	古近纪	新近纪	第四纪

寿命短，

幸存

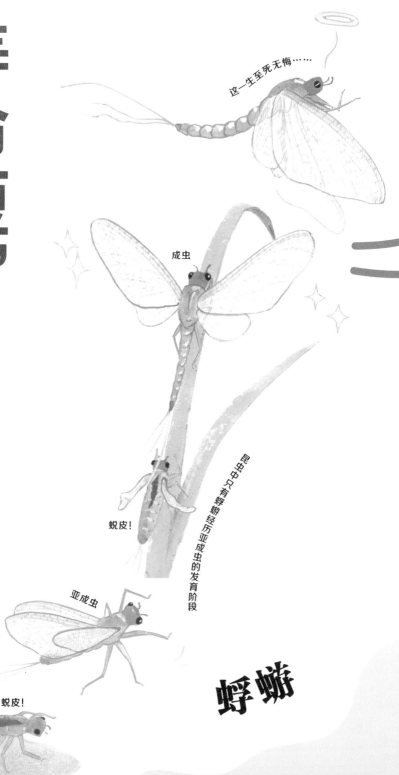

这一生至死无悔……

成虫

蜕皮！

昆虫中只有蜉蝣经历亚成虫的发育阶段

亚成虫

蜕皮！

蜉蝣

不禁回想起短暂一生的所有珍贵画面：**半年前出生的我**；在河里吃食、茁壮成长的我；没被鱼吃掉，沉浸在幸福时光中的我。

后来，经过两次蜕皮，蜕变为成虫后，我拥有了一对大大的翅膀。**然后，我终于从河里振翅飞向广阔的天空。**那一刻真是开心得不得了啊！因为长大成年后，我获得了自由啊！自由的味道可真美妙啊！

随后过了5个钟头，来到了此时此刻，我就要迎来我生命的终点。说到底，是因为成虫根本没有嘴，所以，连吃吃喝喝这种身体最基本的需求都满足不了。

尽管如此，没有什么好悲伤的。这一生，我无怨无悔。在几乎同一时刻，我们会有几百万的家族成员齐刷刷蜕皮，变为成虫，接着在短短一天的时间里生儿育女，保证了种族的延续。**就算敌人发现了我们，谅它也不可能在一天之内吃光几百万只的我们。多么美好的一生啊！**

物种分类	昆虫类
体形大小	体长 1～1.5cm
栖息地	全球淡水水域（南极大陆除外）
食物	硅藻（幼虫时）

经验之谈

哪怕弱小如我们，只要数量够多就不能阻碍我们。数量等于能量哇！

蜉蝣目昆虫的起源比蟑螂更加古老，它们是会飞的昆虫中最古老的种群。而且，尽管它们飞行能力弱，蜕变为成虫后的寿命仅仅只有1天左右，但它们却达到了一定程度的繁盛。原因确实就在于寿命短。大量的蜉蝣会在同一时间羽化、交配、产卵，然后立刻死亡。由于一次羽化的数量实在太多，这就使它们成功地避免了被敌害吃个精光的结局。

前寒武纪	古生代				中生代				新生代		
	寒武纪	奥陶纪	志留纪	泥盆纪	石炭纪	二叠纪	三叠纪	侏罗纪	白垩纪	古近纪	新近纪	第四纪

放弃游泳，幸存

小时候倒是也游过那么一小阵子

海鞘

都说"生命在于运动"，可是，脊椎动物※也未免太爱动了，一天到晚总是显得忙忙碌碌的！

我小时候也游泳，但是成年以后就完全一动不动了。 我就紧紧贴在岩石上，靠着过滤海水的营养生活。完全不需要挪动半寸，照样天天乐逍遥。**所以我一直认为，有什么必要整天辛辛苦苦、脚不沾地嘛！**

※ 拥有脊梁骨的动物。

142

虽说对于怎样的人生才算幸福的人生这个问题，每个人有每个人的理解，但是，**决定我们海鞘（qiào）是不是幸福的关键，就在于能不能遇上一块好岩石。**关键就看这块岩石在水流湍急的地方能不能岿然不动、屹立不倒。一旦让我们如愿以偿地、顺利地紧紧贴在它上面，就能从海水中过滤大量的营养了哟！

没错，你们想要活得自由自在，这种心情我也理解，不过，**成年以后最好还是在一个地方安顿下来生活更稳妥吧？请认真想一想我的这句话。**

经验之谈

就算不自由，也要选择安稳的道路，这也是一种幸福。

物种分类	海鞘类
体形大小	直径 1～20cm
栖息地	全球海域
食物	海水中的有机物

海鞘幼体的外形像蝌蚪，拥有脊椎骨的过渡形态即"脊索"。人们认为这种形态接近于脊椎动物祖先的形象。虽然脊椎动物由于获得坚硬的脊椎骨而提高了运动能力，但海鞘幼体的游泳能力却很差。而且，一旦从幼体变态为成体，脊索就会消失，从此紧贴在岩石上一动不动。就这样，它们朝着与脊椎动物不同的方向演化，采用了一动不动"饭来张口"的进食方式，最终得以幸存。

前寒武纪	古生代						中生代			新生代		
	寒武纪	奥陶纪	志留纪	泥盆纪	石炭纪	二叠纪	三叠纪	侏罗纪	白垩纪	古近纪	新近纪	第四纪

疲疲沓沓混日子，幸存

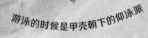
游泳的时候是甲壳朝下的仰泳派

鲎

144

Ⓐ 喂，决定了没有？是爬上海岸，还是潜入海里？

Ⓑ 哦——这事啊，打从 3 亿年前起就一直悬而未决啊！

Ⓒ 我投海岸一票。再说岸上有好多我爱吃的贝类。

Ⓑ 是吗？可海岸边会有猴子来玩耍。你不觉得危险？

Ⓒ 猴子是挺危险的，够厉害。

Ⓐ 依我看吧，既然有人叫咱们"马蹄蟹"，我觉得还是下到海里面更靠谱。

Ⓑ 也——是！不过呢，听说其实咱们大家跟蜘蛛、蝎子才是亲戚。

Ⓐ 真的？简直是惊天大新闻！

Ⓒ 啊，这个我也听说过！首先，咱们的大脑呈甜甜圈状，对吧？

Ⓑ 这跟大脑的形状有关系吗？

Ⓒ 嗯，冷知识大赛上用得着。

Ⓐ 来听听我的！听说咱们的血，抹到外面就呈现蓝色，留在体内就是白色的。

Ⓑ 这都什么跟什么呀！

Ⓒ 这都是在聊咱们自己呀！

Ⓐ 刚刚要聊的是这个话题吗？

Ⓑ 算了，聊到哪儿算哪儿吧！

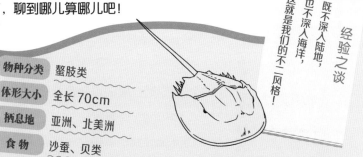

经验之谈

既不深入陆地，也不深入海洋，这就是我们的不二风格！

物种分类	螯肢类
体形大小	全长 70cm
栖息地	亚洲、北美洲
食物	沙蚕、贝类

　　鲎的近亲并不是螃蟹，而是与已经灭绝的海蝎相近的类群。今天的鲎在形貌上几乎同祖先一模一样，可见它们从远古时代起就一直在浅海及滩涂繁衍生息。由于这样的环境基本上不会有大型捕食者，所以鲎的甲壳具有相当强大的防御功能。而且，相对于大大的甲壳，壳下面可以吃的肉却很少，所以，它们不大会被捕食者盯上，这大概就是它们幸存至今的原因。

	古生代						中生代			新生代		
前寒武纪	寒武纪	奥陶纪	志留纪	泥盆纪	石炭纪	二叠纪	三叠纪	侏罗纪	白垩纪	古近纪	新近纪	第四纪

獴绝迹·幸存

冲绳秧鸡

感觉到树被它吮得微微有点晃动

哎哟哎哟，**我还以为是谁呢，这不是咱家獴（měng）哥哥嘛！**

坊间传闻我也听到过一耳朵，**说是獴哥哥最近让人类给盯上了，日子不好过啊！** 哟，怎么，这阵子被盯得连跑来咬我们的精神头跟獠牙都没了？……讨厌，怎么还当真了！别生气嘛！开个小玩笑啦！谁叫咱俩是这么多年的兄弟呢！

……唉，这也叫没法子。谁叫老天爷就爱开玩笑呢！**本来，人类是为了教训教训原矛头蝮那种毒蛇，才把你们带到这座岛上来的。**谁叫你们自己不争气，也不知道哪根神经搭错了，**不但不去捕食原矛头蝮，还把我们逼到了灭绝的悬崖边。**……怎么样？从猎人变成猎物是什么心情？滋味如何？

哎哟，请不要怨恨我！我可什么事儿都没干，我就是纯粹的受害者。你有苦水的话，就去倒给人类，求人类给你帮帮忙嘛！谁叫人类当初把你们带过来呢？

物种分类	鸟类
体形大小	全长35cm
栖息地	冲绳岛
食物	昆虫、果实

经验之谈

无论我们还是獴，都只不过是被卷入了原矛头蝮跟人类的抗争罢了。

还敢冲我叫的獴

冲绳秧鸡是仅仅在日本冲绳岛北部的山原地区繁衍生息的、不会飞的鸟。以冲绳秧鸡为首的秧鸡科的鸟似乎讨厌飞行，一在少有天敌的岛上落脚，便很快放弃了飞行的习性。冲绳秧鸡曾经一度遭到因为捕杀原矛头蝮的需要而放归山野的獴的袭击，陷入濒临灭绝的危机。自从人类开始人为地驱除獴之后，它们的数量才逐渐有所增加。

前寒武纪	古生代						中生代			新生代		
	寒武纪	奥陶纪	志留纪	泥盆纪	石炭纪	二叠纪	三叠纪	侏罗纪	白垩纪	古近纪	新近纪	第四纪

海上风急浪高，幸存

围绕雌蜥来一段火花四溅、热情暖心的格斗舞——

有着和相扑神仪

科莫多巨蜥

科莫彦 呼——再来……相当不错嘛！

科莫夫 科莫姬是我的！

科莫姬 你们快停下！别为了我争来争去！

科莫彦 我问你，你不是在岛上待得不耐烦了吗？还以为你早就离开了。（抿嘴笑）

科莫夫 哼！我深深地爱着这座岛和科莫姬……

科莫彦 你撒谎！你肯定隐瞒了某些重大事件！

科莫姬 哦？什么事件？

科莫夫 抱歉……其实，那天我本来打算离开的，不承想海流实在太湍急了……我想走也走不了！

科莫姬 这、这也算理由？！

科莫夫 该死！这下秘密泄露，形象要扫地了……

科莫彦 不对……没法离开岛，也就意味着敌害进不来，所以我们才能安全地生活下来。兄弟，你立了大功了！从今往后只管做你自己就行！

科莫夫 科……科莫彦……！

科莫姬 我说你们怎么又抱头痛哭啦！看不懂……

经验之谈
尽管四面遭到封锁，
可结果好像还不错？

物种分类	爬行类
体形大小	全长 2.7m
栖息地	小巽 (xùn) 他群岛 (科莫多岛、林卡岛、弗洛勒斯岛等)
食物	肉

　　科莫多巨蜥是至今仍然存活的蜥蜴中最大的物种。它们的祖先好像是在澳大利亚实现了大型化，然后当海平面在冰期下降时远渡重洋，将栖息地扩张到了印度尼西亚的小巽他群岛。后来，虽然留在原地的祖先灭绝，但由于小巽他群岛周围海域深不可测、海流湍急，大型食肉哺乳类无法再从外面进岛，所以科莫多巨蜥幸存至今。

前寒武纪	古生代						中生代			新生代	
	寒武纪	奥陶纪	志留纪	泥盆纪	石炭纪	二叠纪	三叠纪	侏罗纪	白垩纪	古近纪	新近纪 第四纪

149

逃离氧气，幸存

古细菌

将时光追溯到 35 亿年前，那时的地球表面貌似一片寂静，连动物和植物都还没有出现，但其实，海里生活着和和睦睦的古细菌一家。

然而当时间来到大约 27 亿年前，**海里来了一种叫作"蓝藻"**※**的新成员，它们开始制造对古细菌来说是剧毒的"氧气"。**古细菌一家到了生死攸关的时刻！

※ 参见第 162 页

幸好没有氧气的"无氧环境"一找就找到了！

不过那是普通生物一旦靠近便要死亡的"极端环境"。在水深4000m的深海，有一种能喷出水温高达400℃热水的深海热泉喷口。美国的黄石国家公园里就有热泉，酸性极高，能在 8 小时内熔化一把铁制菜刀。还有，估计你想不到，**动物的肠道氧含量低，那里面对古细菌来说也是舒适的居住环境！**

想来，古细菌一家今后依然会在这样的高温缺氧环境中舒舒服服地过它们的厌氧生活吧！

物种分类	古细菌类
体形大小	直径 1 μm
栖息地	水中、土壤中、动物体内
食物	发酵等

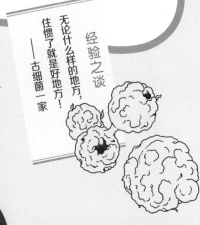

经验之谈

无论什么样的地方，住惯了就是好地方！
——古细菌一家

深海热泉喷口

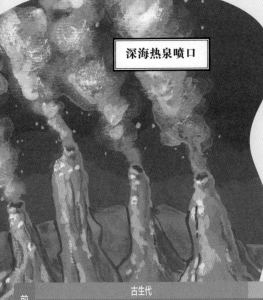

在地球上最初的生命诞生的时代，海洋刚刚形成，好比一碗温度超过100℃的"原始汤"，具有强酸性，连铁都能熔化。实在难以想象能有生物在里面生存，但古细菌恰恰就是在这样的环境中演化而来的。至今仍有许多古细菌喜爱地球上存在的热泉喷口等"极端环境"，在少有天敌的环境中生存。顺带提一句，尽管名字仅仅相差一个字，但古细菌和细菌（学名为 *bacteria*）其实属于两个完全不同的类群。

	古生代						中生代		新生代		
前寒武纪	寒武纪	奥陶纪	志留纪	泥盆纪	石炭纪	二叠纪	三叠纪	侏罗纪	白垩纪	古近纪	新近纪	第四纪

我们的多样性

演唱：地球儿童合唱团　作词：竹廉太郎　作曲：柳清光敏　　播放 8.6 万次·点赞 6999 次

生命起源　细胞一个　怎不孤单
40 亿年　时光荏苒　众生欢闹不寻常
宇宙繁星点点　地上生命兴旺
生灵千千万万同居地球家园　多样性使然

生命起源　种类单一　怎不神伤
树木茁壮成长　开枝散叶狂奔向树冠
杂花生树　生命谱出乐章　协奏多酣畅
纷纷繁繁不重样　多样性使然

虫吃叶　鸟吃虫　鸟死归土壤　新叶又得它滋养
生命接力　在地球家园流转
不可思议　兜兜转转的生命回环
生存方式多种多样　多样性使然

陨石坠落地球　年代久远　传说在耳畔回响
巨大恐龙死亡　小小昆虫生还
谁死谁亡不管　总有谁将空位填满
生生不息生机盎然　多样性使然

生命起源　细胞一个　怎不孤单
穿越 1 兆 4600 亿个夜晚
诉说众生之间的纽带
唯有特色各异　才能相依相伴
往昔看不见　未来却可期　请谨记
拥有今天这一切不简单　多样性使然

6
各显其能，达成夙愿——繁盛

~~~ 成功不易，仍须步步为营

想要在地球上实现繁盛，难度绝对不一般，超乎你的想象。好在也有生物不屈不挠，活得十分顽强，尽管它们外表并不光鲜，能力并不强。在这里，活着才是头等大事。

② 找繁盛得一塌糊涂的生物搭便车

这种类型的生物，想法很直接，只要繁盛，哪怕不称王称霸也没关系。

它们不是寄生在它们认为「这家伙看来不会灭亡」的生物身上，就是干脆以这种繁盛的生物当主食，这样一来，它们就能获得安稳的地位。

不过，给它们搭便车的生物一旦灭绝，它们也就跟着「全剧终」了。

③ 索性改变环境

不是让自己去适应环境，而是按照自己的喜好定制环境。这种做法适合充满创新精神的你。

想要改变大气的成分和地形，倒也不是什么幼稚的想法，只要投入一定的时间，也不是不可能。

我要说的差不多就是以上这些。衷心祝愿你实现繁盛的梦想！

地球

地球‥你好！

既然已经出生在了地球上，我就希望我们这个物种能够遍布地球的角角落落，实现大繁盛，请问我们应该怎么做呢？

P.N. 数量才是硬道理（笔名）

数量才是硬道理‥

你好！谢谢你的来信！

你说希望实现大繁盛，你所确立的这个目标可是相当宏大啊。

我不知道能不能帮上你的忙，不过我认为，繁盛的生物大体上分三种类型，我写下来给你‥

---

① 对环境适应得一塌糊涂

只要获得和如今的地球环境完全完全匹配的身体，当然就容易生存，也就更能接近繁盛。

不过，仅仅只是增加数量并不等于走向繁盛。所以还有一种方法，那就是像恐龙和鲸鱼那样，凭借大体形来增加存在感。

搭人类的便车，
、繁盛、
家鼠

○ 褐褐（褐家鼠）

◎ 小小（小家鼠）

 黑黑（黑家鼠）

◆ 我是老鼠的通称，我叫褐褐，我最爱吃香肠。

▲ 我叫黑黑。谢谢人类的这个苹果，我就不客气了！

◎ 我的名字叫小小，这些米全部归我，谁也不许抢！

◆ 好了……鼠家卓越代表到齐了。我们 3 种老鼠偷偷钻进人类的大船，已经扩张到了全世界的家庭中。

▲ 我们的门牙，哪怕碰到坚硬的混凝土墙壁，也能在上面打个洞出来。

◎ 轮到我讲了。我怀胎只要 20 天就能生下小鼠崽。哪怕起初只有两只老鼠，两年后照样能够增加到 1 亿只！

◆ 我们就是这么强大，你们人类无论把饭菜藏到哪里都是一样的白搭。

▲ 没错！胆敢故意使坏，就别怪我们把疾病传给你们哟！

◆ 明白了没有？我们的势头已经不可阻挡。所以别再愚蠢地动不动就喊着要消灭老鼠了，行吗？

经验之谈

好了，人类的家就是我们的家，让我们和睦相处吧？

物种分类	哺乳类
体形大小	体长 6 ~ 25cm
栖息地	全球陆地（南极大陆除外）
食物	杂食

生活在人类的房子附近的 3 种老鼠（褐家鼠、黑家鼠、小家鼠）合起来统称家鼠。这 3 种老鼠本来在亚洲大陆的不同区域繁衍生息，由于适应了人工环境而实现繁盛，随着人类的移动逐渐遍布全世界。它们的体形大小和爱吃的食物各有不同，所以，它们分别栖息在下水道、天花板上面、仓库等不同的生息环境，由此实现与人类的共存。

前寒武纪	古生代						中生代			新生代		
	寒武纪	奥陶纪	志留纪	泥盆纪	石炭纪	二叠纪	三叠纪	侏罗纪	白垩纪	古近纪	新近纪	第四纪

成为人类的天敌,繁盛

容易被打死的心理准备我还是有的。别嫌我说话带刺,**因为我嘴巴的形状早已经是针的模样。**

可是,针对我们蚊子,还是会有很多的误解。**首先,我并不像这世上的大家伙儿想象的那样爱吸血。**平时我吸的是花朵的蜜或者果实的汁液。是不是很可爱呢?(笑)

只有雌蚊子才吸血,而且也只在产卵的时刻。所以,蚊子一辈子也只吸 4 到 5 次血!

连这些基本常识都不知道,一看到就要打死我们的人,怕不是有什么毛病吧……我在心里偷偷地说。**怎么说呢,吸血的时候顺便传染了疾病,等于一年杀死大约 70 万人,**所以说,我自己也有招人恨的原因……

不过,就靠着随身紧"叮"这地球上最最成功的人类,我们也实现了繁盛。**"我们要贪婪地尽情咬住第一名不放!"**这句格言,今后还将在我们族群里传承下去!

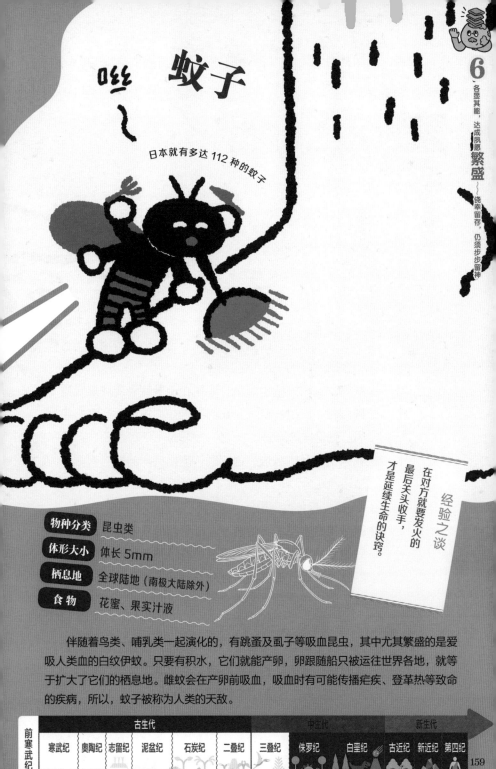

蚊子

嗡嗡～

日本就有多达 112 种的蚊子

物种分类	昆虫类
体形大小	体长 5mm
栖息地	全球陆地（南极大陆除外）
食物	花蜜、果实汁液

经验之谈

在对方就要发火的最后关头收手，才是延续生命的诀窍。

伴随着鸟类、哺乳类一起演化的，有跳蚤及虱子等吸血昆虫，其中尤其繁盛的是爱吸人类血的白纹伊蚊。只要有积水，它们就能产卵，卵跟随船只被运往世界各地，就等于扩大了它们的栖息地。雌蚊会在产卵前吸血，吸血时有可能传播疟疾、登革热等致命的疾病，所以，蚊子被称为人类的天敌。

前寒武纪	古生代						中生代	新生代			
	寒武纪	奥陶纪	志留纪	泥盆纪	石炭纪	二叠纪	三叠纪	侏罗纪	白垩纪	古近纪	新近纪	第四纪

分解枯木，繁盛

Ⓐ 下面，大家集思广益，来讨论一下"枯木的用途"这个课题。有想法的人可以发言了。

Ⓑ 我先说。**因为枯木如果长期埋在土里就会变成煤炭这种燃料**，所以，我认为我们不用在枯木身上花太多心思，就这样扔掉吧。

Ⓒ 我来说说我的看法。说到底，能扔枯木的地方有限，所以我认为，最好是把枯木给分解了。

Ⓐ "分解"是什么意思?

Ⓒ **就是用酵素把木头溶解了，把里面的营养提取出来。**只要对枯木进行分解，那么，就能够把我们可以吸收的营养提取出来。(其他菇)哦——!

Ⓑ 我认为应该站在将要被分解的枯木的角度，多替它想一想，考虑一下它的感受。

Ⓒ 那我换个角度再来说说。分解以后，会有二氧化碳和水残留，这两样对活着的树来说是非常有用的东西，**所以我认为，分解对树木也有帮助。**

Ⓐ 那么，枯木的用途就定为"分解"了，大家看行吗?(全体)行——!

蘑菇

没被分解的树化石就成为煤炭

各显其能，达成夙愿**繁盛**——侥幸留存，仍须步步留神

物种分类	担子菌类
体形大小	五花八门
栖息地	全球陆地
食物	植物

经验之谈

凡事为大家着想，三思而后行才最重要。

植物进军陆地以后，依靠木质素这种物质来对细胞进行加固，防止水分蒸发的同时，开始向大型化发展。树木就是从这里起源的。但是，当时没有能够分解木质素的生物，一棵棵枯木都只能堆积在土里，直到蘑菇的出现。蘑菇通过分解枯木来提取营养，营造出了"树木腐烂"的现象。

前寒武纪	古生代				中生代			新生代			
	寒武纪	奥陶纪	志留纪	泥盆纪	石炭纪	二叠纪	三叠纪	侏罗纪	白垩纪	古近纪	新近纪	第四纪

161

开始进行

光合

作用，

繁盛、

蓝藻

氧气
↓

同伴越来越多!

162

欢迎光临！那边有位子空着，请坐、请坐！客人，**"光合作用"还是头一回尝试吗？**没什么了不起的，别把它想得太难了。

食材就两样，二氧化碳和水。只要把它们在太阳底下稍微这么一烤，美味的营养就有了！简单，方便。二氧化碳和水到处都是，所以，美食也是要多少就有多少。托您各位的福，您也看到了，我们家族繁荣昌盛得很哩！……您说什么？植物也进行光合作用？说什么傻话呢！**那些家伙可是 10 亿年前把我们吸收到身体里面去了以后才开始进行光合作用的！**就是说，是我让它们开的分号！就问你服不服吧！

怎么说呢……光合作用进行得过了头，产生的垃圾——氧气猛增，**把地球的环境整个儿都给改变了。**不过呢，咳，也有些家伙主动叫我们制造氧气，所以，我们过得还不错……？

物种分类	蓝细菌类
体形大小	直径 5 μm
栖息地	全球（海水、淡水、土中、冰上）
食物	光合作用

经验之谈

利用接近无限的材料合成营养，等于无本万利，所以赚得盆满钵满。

蓝藻是首个通过光合作用达到繁盛的生物。光合作用一旦进行，就会排出不需要的氧气，而对当时的生物来说，氧气就是剧毒，许多生物因此灭绝。相反地，利用氧气进行呼吸的生物也开始出现，地球的环境从此发生了急剧的变化。随后，氧气进一步产生能够遮挡紫外线的臭氧层，陆地上从此也能有生物生活了。

前寒武纪	古生代						中生代			新生代		
	寒武纪	奥陶纪	志留纪	泥盆纪	石炭纪	二叠纪	三叠纪	侏罗纪	白垩纪	古近纪	新近纪	第四纪

米特肯多丽娅[①]的恋情　第2幕

真 多丽娅，求求你别走！我亲爱的米特肯多丽娅！

线 噢，欧加里奥特[②]先生……**您还想吃掉我吗?**

真 多丽娅，你听我说，以前都是我的错。你不是什么食物，你带给我活动的能量……**对，你就是我的天使!**

线 您还在说这种话……莫非您还打算欺骗我吗?

真 ……你先来看看这个。

线 我看看……这是我最爱的氧气和葡萄糖!

真 我愿意时时刻刻把这些送给你。同时，**我也请你生产我所需要的能量**，就当是给我的回报。

线 这就是……爱?

真 **来吧，飞奔到我怀里来! 多丽娅!**

真线 啦～紧紧相结合～我们两个♪如果没有你，我怎么办? 我的生活将会是多么艰难! 今天起，不分离，日子越过越兴旺~♪

---

① 米特肯多丽娅: 据线粒体的学名 *mitochondria* 音译。——译者注
② 欧加里奥特: 据真核生物的学名 *eukaryote* 音译。——译者注

经验之谈

一个人办不到的事情，两个人办准成~♪

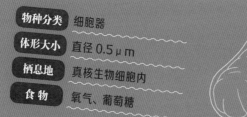

物种分类	细胞器
体形大小	直径 0.5μm
栖息地	真核生物细胞内
食物	氧气、葡萄糖

　　线粒体是利用蓝藻（第162页）产生的氧气制造能量的生物，这个过程就好像"呼吸"。由于这项能力有利于在新环境中生存，所以，出现了把线粒体吞噬进体内并与它共生的生物，这就是与人类也有关系的真核生物的祖先。今天的我们之所以能够呼吸氧气，也是托了线粒体在细胞内繁盛的福。

	古生代						中生代		新生代		
前寒武纪	寒武纪	奥陶纪	志留纪	泥盆纪	石炭纪	二叠纪	三叠纪	侏罗纪	白垩纪	古近纪	新近纪	第四纪

后记

再一次向各位读者介绍了
生物们五花八门的灭绝原因，
不知道大家有怎样的感受呢？

对于人类过去使它们灭亡的生物，
或许有人会产生十分抱歉的心理。

但是，
这样的灭绝原因几乎都是由于无知造成的，
所以，与其为过去的灭绝感到悲伤，
或者指责说"人类这种生物真是太恶劣了"，
还不如放眼未来，
想一想怎样做才能不让同样的悲剧反复上演，
我认为这样的态度远比伤心或指责积极得多。

地球上的生物，
全都避免不了迟早有一天要灭绝的命运，

只要环境发生大幅度的变化，
恐怕就连人类也要灭绝。

不过，我们大家一起努力，
尽可能地不去改变自然环境，
那么，由人类造成的灭绝，
应该是可以预防的。

为了使我们的地球成为一颗适宜
许许多多生物居住的星球，
有什么事情是我们能够做的呢？
也请各位读者通过灭绝事件来思考一番吧！

丸山贵史

索引

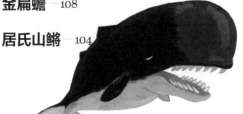

这本书里
出场的
生物们

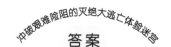

冲破艰难险阻的灭绝大逃亡体验迷宫
答案

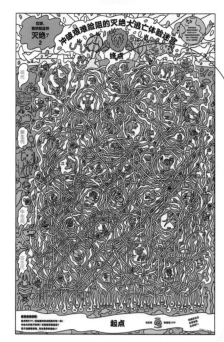

图中用◯圈出的就是答案

图书在版编目（CIP）数据

哎呀，竟然就这样灭绝了 ：超有趣的灭绝动物图鉴．
2／（日）今泉忠明主编 ；（日）丸山贵史著 ；（日）佐
藤真规等绘 ；李建云译．— 北京 ：北京联合出版公司，
2022.3

ISBN 978-7-5596-5822-7

Ⅰ．①哎⋯ Ⅱ．①今⋯ ②丸⋯ ③佐⋯ ④李⋯ Ⅲ．
①动物－图集 Ⅳ．① Q95-64

中国版本图书馆 CIP 数据核字（2021）第 276781 号

ZOKU WAKEATTE ZETSUMETSU SHIMASHITA
SEKAI ICHI OMOSHIROI ZETSUMETSU SHITA IKIMONO ZUKAN
by Tadaaki Imaizumi and Takashi Maruyama
Copyright © 2019 Tadaaki Imaizumi, Takashi Maruyama
Simplified Chinese translation copyright ©2022 by Beijing Tianlue Books Co., Ltd.
All rights reserved.
Original Japanese language edition published by Diamond, Inc.
Simplified Chinese translation rights arranged with Diamond, Inc.
through Japan UNI Agency, Inc., Tokyo and Future View Technology Ltd.

哎呀，竟然就这样灭绝了 2： 超有趣的灭绝动物图鉴

主　　编：[日] 今泉忠明
作　　者：[日] 丸山贵史
绘　　者：[日] 佐藤真规 植竹阳子 北泽平佑 岩崎美津树 茄子味噌炒
译　　者：李建云
出 品 人：赵红仕
选题策划：北京天略图书有限公司
责任编辑：徐　樟
特约编辑：高　英
责任校对：钱凯悦
美术编辑：小虎熊

北京联合出版公司出版
（北京市西城区德胜门外大街 83 号楼 9 层 100088）
北京联合天畅文化传播公司发行
北京尚唐印刷包装有限公司印刷　　新华书店经销
字数 80 千字　　880 毫米 ×1230 毫米　　1/32　　6 印张
2022 年 3 月第 1 版　　2022 年 3 月第 1 次印刷
ISBN 978-7-5596-5822-7
定价：49.80 元